これが民主主義か？

辺野古新基地に〝NO〟の理由

目　次

新垣　毅

辺野古新基地建設を強行する安倍政権の異常な手法 …… 13

全国世論／私人へのなりすまし／二枚舌／根幹を揺るがす事実／沖縄いじめの背景――北朝鮮・中国脅威論／責任の所在

稲嶺　進

ゆがめられる沖縄の自治
沖縄予算を懐柔策に利用する日本政府 …… 29

「独断」島袋市政への疑問／市民目線・公正・公平な組織をめざして／島袋前市長の「V字案」受け入れ／再編交付金がなくても必要な事業は実施できる／仲井眞知事が広めた誤解／2014年「平成の琉球処分」／2018年市長選での妨害／市長は「政治家」ではなく「行政の長」／人間が人間として扱われない植民地主義を終わらせたい／「地域力」で「中央」のいじめに対抗／沖縄戦、米占領期の人権否定の記憶

高里鈴代

日米同盟関係から生じる構造的性暴力……47

Ⅰ　紛争下における女性への暴力は戦争犯罪である／Ⅱ　沖縄の現実に引き戻された／Ⅲ「沖縄・米兵による女性への性犯罪」年表が明らかにするもの／Ⅳ　性暴力の軽視と隠蔽で米軍駐留は保障される／Ⅴ　軍事基地の島からの脱却に、沈黙を越えよう

高木吉朗

基地被害を下支えする日米地位協定の壁……65

1　はじめに／2　日米地位協定とは何か／3　地位協定の問題点①──国内法の不適用／4　地位協定の問題点②──日米合同委員会／5　おわりに──なぜ沖縄は地位協定改定を求めるのか

新垣　毅

基地負担軽減は本当か……83

敵基地攻撃能力／沖縄の「負担」とは／高江のヘリパッド／基地の永久固定化／「沖縄の負担」とは／なぜ海兵隊は必要か／南西諸島への自衛隊配備／沖縄の訴え／日本国民の選択

宮城秋乃
汚された世界遺産候補地　北部訓練場返還地……101
国から国へ引き渡された返還地／次々と見つかる廃棄物や化学物質／軍事機能強化のための返還／ライナープレートの撤去事業／現訓練場内の軍事廃棄物／回収されずに森に残る不発弾／米軍の清掃活動とゴミの廃棄／返還後も訓練に使用している可能性と警察の捜査の限界／米軍基地は返還後も問題を残す

木村草太
沖縄に対する差別と適正手続き
憲法の視点から……125
はじめに／一　沖縄の歴史――琉球王国から辺野古問題へ／二　公共性の概念――差別の排除／三　閣議決定と住民投票――中央と地方の相剋／結論　沖縄問題－(マイナス)差別＋(プラス)適正手続き＝(イコール)？

紙野健二
法治主義と地方自治をゆがめる
辺野古新基地建設の強行……141
はじめに／1．法治主義と地方自治／2．辺野古問題の展開と焦点／3．私人なりすましの意義／むすび

前川喜平

安倍政権が押しつけた歴史・公民教育
二つの沖縄教科書問題 …… 153

「集団自決」教科書検定問題／八重山教科書採択問題（旧民主党政権下）／八重山教科書採択問題（第二次安倍政権下）／自衛隊配備と教科書

安田浩一

〝沖縄ヘイト〟基地反対の民意へのバッシング …… 165

浸透するゆがんだ視線／報道の名を借りたデマの流布／〝基地反対運動は「外国人に支配」〟デマ／被害者へ向けられる〝自作自演〟の中傷／無視される沖縄の声、憎悪をけしかける政治家・著名人／「沖縄差別」という危機

新垣　毅

沖縄から日本の民主主義を問う
「復帰」に込めた理念と現状 …… 187

日米の思惑／「沖縄処分」／建議書／日本復帰運動の変容／民族主義から憲法へ／「反戦復帰」の高まり／歴史認識の差／「屈辱の日」／植民地主義に抗する自己決定権

日本国内の米軍専用施設の負担状況

国土面積の約0.6%の沖縄県に、在日米軍専用施設面積の約70.6%が集中している。

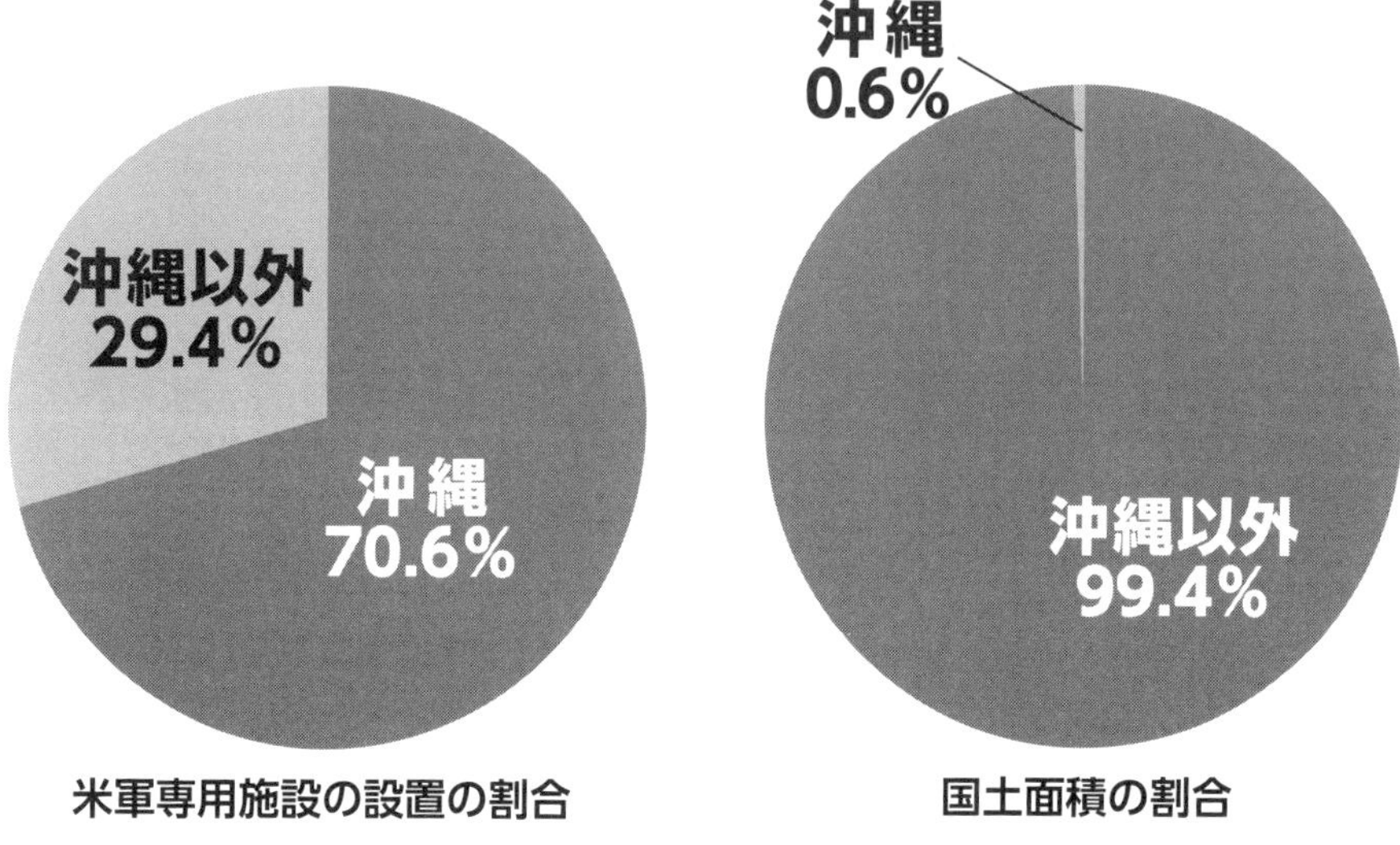

沖縄の米軍基地総面積における普天間基地面積の割合

安倍政権は「普天間の一日も早い返還の実現のために」「辺野古が唯一の選択肢」と言い続けてきたが、普天間飛行場は沖縄の米軍基地総面積の 2.6%にすぎない。

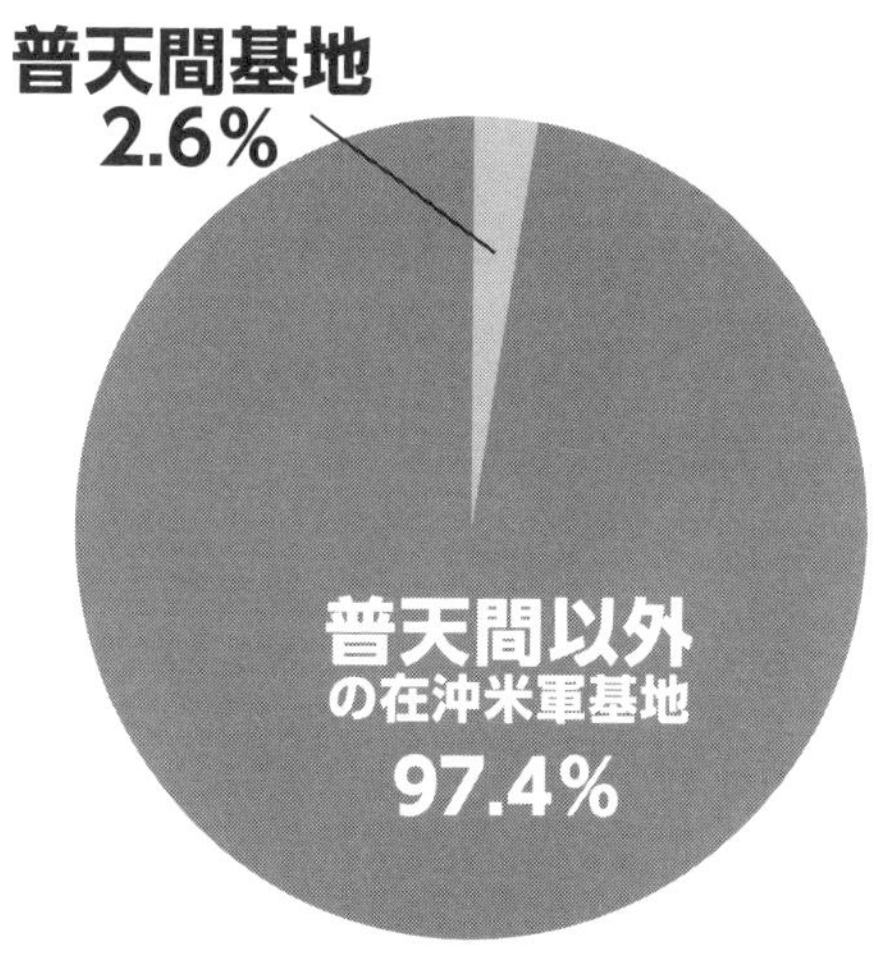

沖縄のおもな米軍基地（陸域）

沖縄県には31の米軍専用施設があり、その総面積は沖縄県の総面積の約８％、人口の９割以上が居住する沖縄本島では約15%の面積を占めている。

◉沖縄県発行『沖縄から伝えたい。米軍基地の話。Q&A Book』（2018年5月更新）等を参考に作成

これが民主主義か？

辺野古新基地に〝NO〟の理由

辺野古新基地建設を強行する安倍政権の異常な手法

新垣 毅

「あらかじめ事業について継続すると決めていた。安倍晋三首相への報告は逐次行い、了解をいただいていた」

2019年3月5日。衆議院予算委員会で、当時の岩屋毅防衛大臣が述べた言葉である。沖縄ではその9日前の2月24日、名護市辺野古の新基地建設に伴う埋め立ての賛否を問う県民投票が実施され、投票者の72・15%が「反対」の意思を示していた。投票率は52・48%と過半数を超えた。

岩屋氏は県民投票が実施される前に、結果がどうなっても工事を続けることを安倍首相（当時。以下同）とともに決めていたと言うのだ。

この発言は一定程度、メディアで報じられたが、大きな衝撃で受けとめられなかった。

いま、どれだけの国民が覚えているだろうか。沖縄では米軍由来の事件・事故や騒音、それを日本政府が防げない不条理が日常茶飯事だが、本土では一部しか報じられない。国会でのこの発言一つをとっても、深刻な不条理を不条理とさえ受けとめないメディアや国民が大半であることを示している。

この発言への全国的な反発が起きないことが、沖縄と政府、沖縄の人びとと本土の人びと、それぞれの関係や、日本という国の民主主義の成熟度を雄弁に物語る。

国会でのやりとりには続きがある。安倍首相は県民投票の後に、結果について「真摯に受けとめる」と述べた一方、国会答弁では「結果について論評する立場にはない」とも述べた。これに対し衆議院予算委員会で質問した立憲民主党の福山哲郎幹事長は、政府があらかじめ県民投票の結果を無視していたとして「『真摯に受けとめる』と『論評する立場にない』というのは真逆だ」などと追及した。

これに首相は「工事を続けるかどうかは岩屋防衛大臣の判断だ」と述べ、判断の責任を防衛相に転嫁する場面もあった。

全国世論

このやりとりがなぜ深刻な不条理なのか。沖縄で実施された県民投票は、憲法や法律で保障された、いわば民主主義の実践手段の一つである住民投票だ。有権者が選挙で選んだ政治家に政権や議会を任せる間接民主制度を補う制度である。通常の選挙では多様な政策を掲げている政治家や政党を選ぶが、住民投票ではワンイシュー（一つの争点）をめぐって、ある事柄の是非などを有権者が選択する。

結果に対する法的拘束力はないものの、住民が直接選んだ選択を為政者がどれだけ尊重でき

辺野古埋め立ての賛否を問う 沖縄県民投票 結果

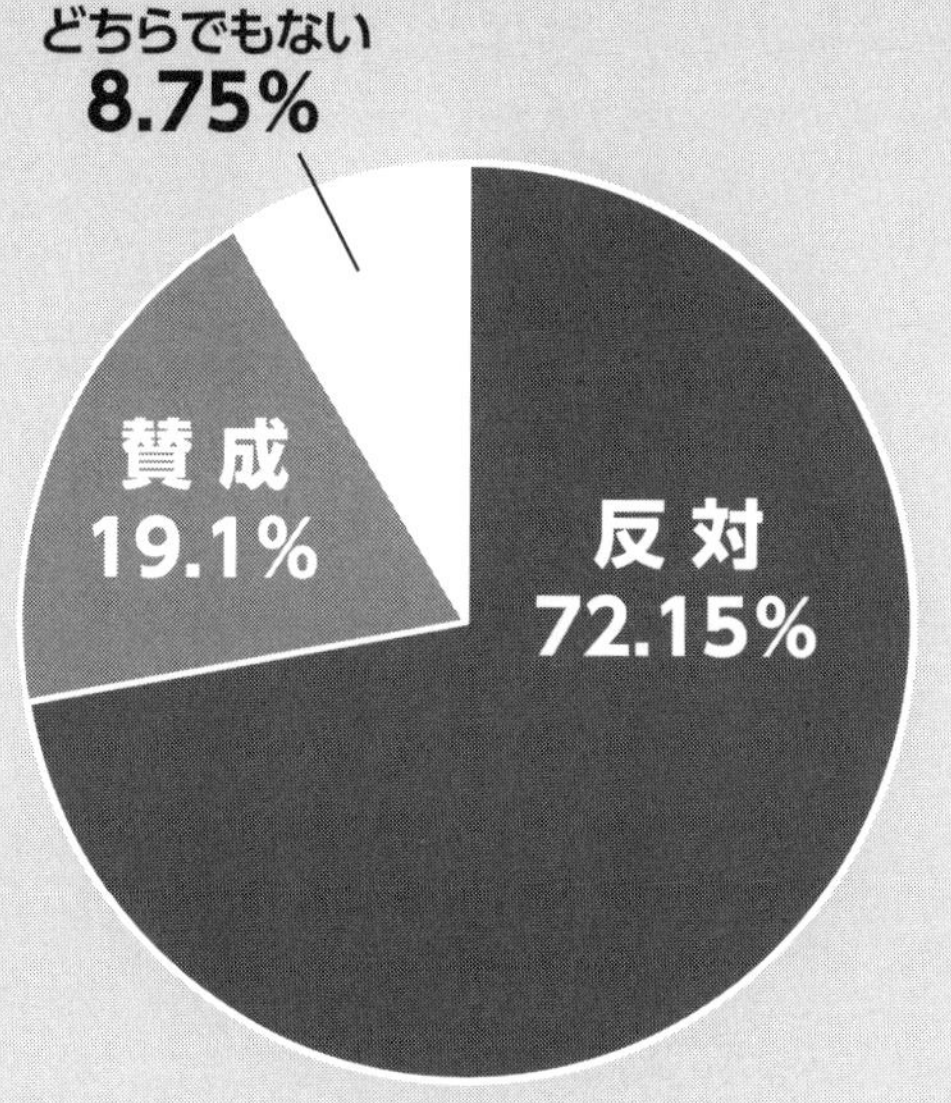

2019年1月24日、沖縄県のすべての市町村で実施。投票率52.48%。辺野古埋め立て「反対」は、有効投票数の72.15%に当たる43万票超となった（「沖縄県公報」2019年3月1日、号外6号参照）。

2018年7月27日、翁長雄志知事は埋め立て承認の撤回を表明。また、18年9月30日県知事選、翌19年2月14日県民投票、4月21日衆院沖縄3区補欠選、7月21日参院選のすべてで「辺野古埋め立て反対」の民意が示されている。（編集部）

るかが、その国や地域の民主主義の成熟度を測る目安にもなる。為政者が結果を無視したり、「論評する立場にない」と発言したりすることは、有権者による民主主義の実践を足げにすることと等しい。あろうことか、一国の首相や大臣がそれを公言したのである。この態度は沖縄の民意を否定しただけでなく、住民投票という民主主義制度の否定でもある。

それを実施前から決めていたというのだから、国民はこの政権の異常な強権ぶりに気づかなければならない。それを受け流す国民は、香港の民主化運動を弾圧した中国を批判する資格はない。「中国には民主主義がなく、同じ価値観を共有できない」などと言う前に、自国の足元で起きている、沖縄をめぐる民主主義の否定に向き合うべきだ。

そもそも、沖縄が米軍基地の押しつけに反発する意思を示したのは一度ではない。１９９５年に県内に住む小学生の女児が米兵３人に性的暴行を受けた事件後、米軍基地の整理縮小や日米地位協定の改定を求めて超党派の県民大会などを開催してきた。

２０１２年に普天間飛行場に配備された米海兵隊の垂直離着陸輸送機ＭＶ22オスプレイに対しても、沖縄では超党派で配備撤回を求めて大規模な県民集会を開き、普天間飛行場の県内移設断念も併せて要求した。それは県内の全市町村長、全市町村議会議長が署名した「建白書」として２０１３年１月、安倍首相に直接手渡されている。いわゆる「オール沖縄」勢力を誕生させたきっかけだ。

県知事選や国政選挙など主要な選挙では、米軍普天間飛行場の辺野古移設に反対する候補が勝っている。

「沖縄県民総決起集会」(1995年10月21日　沖縄県宜野湾市・海浜公園)
米兵による少女性暴力事件への抗議に8万5千人(主催者発表)が参加した。写真提供=時事

1995年9月 少女性暴力事件

▶ 1995年9月4日、米海兵隊員ら3人による性暴力事件が起きた。被害者は12歳の小学生だった。

米軍当局は当初、日米地位協定17条5項(C)において「日本側が起訴するまでのあいだ米軍側が被疑者の身柄を拘束することを認めている」ことを理由に、県警への被疑者の身柄引き渡しを拒否した。事件に抗議する「沖縄県民総決起大会」では、日米地位協定の見直しや基地の整理統合などを求める抗議決議が採択された。

県民の怒りに対し日米両政府は96年4月、「普天間飛行場の5～7年以内の全面返還」を発表するが、県内での代替施設の建設を返還の条件とし、2018年12月には日本政府が名護市辺野古沿岸部に土砂投入を開始。新基地建設の工事を強行している。(編集部)

沖縄県や基地所在市町村の行政だけでなく、県議会や市町村議会でも抗議決議や意見書の可決を何度もくり返している。

いわば、沖縄は憲法や法律で保障された、あらゆる民主主義の制度を使って平和的に権利を行使し、民意を示してきた。これに対し日本政府はこれらを無視して沖縄に米軍基地を押しつけ続けている。主要選挙で辺野古の基地建設に反対する候補が勝利しても、数日後には工事を強行している。

もし、東京で同様なことが起きたらどうなるか、想像してほしい。都民の民意を無視しているとして大きな反発が起き、政権は方針転換を余儀なくされるだろう。

しかし、基地の押しつけに反発している沖縄の民意を全国世論が支えるような状況には至っていない。辺野古の基地をめぐって、沖縄県と国の裁判は実に9件に上っている。2020年8月現在、二つの裁判が進行中だ。地方自治体が司法の場で、ここまで国と争うのは極めて異常な事態だ。

沖縄県が訴訟をくり返す背景には、何度も示されてきた県民の民意がある。そもそも国が県民の民意を尊重すれば、訴訟は起こらない。住民投票や通常の選挙など民主主義の政治的な手段で民意を示しても足げにされるため、司法の場に訴えざるをえないのが実情だ。本土の国民は、その窮状を理解してほしい。

沖縄県にとって訴訟は、自らの主張を全国に発信し、世論を巻き込むねらいもある。しかしそれは、奏功しているとは言いがたい。何が何でも辺野古に基地を造ろうとする政府の姿勢は

2012年9月9日　沖縄県宜野湾市・海浜公園　写真提供：上＝しんぶん赤旗／下＝平和フォーラム

オスプレイ配備に反対する沖縄県民大会

▶米海兵隊MV22オスプレイの配備に反対し10万1000人が参加。「沖縄県民はこれ以上の基地負担を断固として拒否する」「オスプレイ配備計画を直ちに撤回し、同時に普天間基地を閉鎖・撤去するよう強く要求する」と決議した。（編集部）

鮮明だ。「世界一危険な普天間飛行場の危険除去を一日も早く実現する唯一の方法は辺野古への移設である」とくり返して、建設阻止をねらう沖縄の勢力に対し、あの手この手で封じ込めようとしている。

私人へのなりすまし

その手法は法律をねじ曲げるところにまで及んでいる。沖縄県が辺野古の埋め立て承認を撤回したことに対し、国土交通相がそれを取り消したことをめぐる裁判だ。沖縄防衛局は、県の撤回に対し、行政不服審査法（行審法）に基づいて国交省に審査請求し、国交相は撤回を取り消す裁決をした。県は総務省の第三者機関「国地方係争処理委員会」に審査を申し出たが却下された。そのため提訴したが、裁判所は県の訴えを退けている。

この過程で問題なのは、「国民の権利利益の救済を図る」ことを目的とする行審法を、国の機関である沖縄防衛局が利用したことだ。私人へのなりすましにほかならない。

公有水面埋立法は、私人が埋め立てをする際は知事の「免許」を、国が埋め立てをする際は知事の「承認」を得なければならないと定めている。私人は埋め立てた後に知事の許可を得て所有権が発生するが、国は埋め立てたことを通知するだけで所有権が得られる。

一般私人では立ちえない「固有の資格」を有する立場の沖縄防衛局が、行審法を利用することは、本来できないはずだ。しかも、埋め立て承認撤回の効力を停止させたのは、内閣の一員である国交相である。結論ありきの「出来レース」と言っても過言ではない。

国の行審法の乱用を追認した司法の判決も、国家権力の乱用にお墨付きを与えたという意味で問題がある。多くの行政法学者が、地方自治のあり方に関わる重大な問題だと指摘している。本来、立法や行政、司法の三権が相互に抑制しなければならない三権分立が、国の暴走を抑えられない機能不全に陥っている。これも全国的に深刻な問題だ。

二枚舌

何が何でも辺野古で基地を造りたいという安倍首相の姿勢は、実態とは異なる発言のくり返しにも反映されている。2019年の施政方針演説で「これまでの20年以上に及ぶ沖縄県や市町村との対話の積み重ねの上に、辺野古移設を進め、世界で最も危険と言われる普天間飛行場の一日も早い全面返還を実現してまいります」と述べた。

実情はこうである。1998年2月、当時の大田昌秀県知事が辺野古への普天間飛行場代替ヘリポート建設に反対する方針を表明する。大田氏を知事選で破った稲嶺恵一知事は99年に移設先を辺野古沿岸域にすると発表したが、軍民共用空港とし、15年の使用期限を付けるのが条件だった。政府は使用期限について「重く受けとめ、米国政府との話し合いのなかで取り上げる」と閣議決定までしている。

ところが、在日米軍再編に伴い従来の方針が見直され、V字形に2本の滑走路を配置する計画が２００６年に決まった。この時、当時の名護市長らは同意したものの、県は了承していない。１９９９年の閣議決定は一方的に廃止された。

知事選で「県外移設を求める」と公約して当選した仲井眞弘多知事は２０１３年、一転して埋め立てを承認する。その際、安倍首相は普天間飛行場の５年以内の運用停止について「最大限努力する」と約束していた。しかし、これもほごにされた。

日本政府は沖縄を懐柔する際に「うそ」をつくことを沖縄県民は見抜いている。公約を破った仲井眞氏に大差をつけて翁長雄志知事を誕生させたことも、その証しだ。政府の懐柔や恫喝に屈しないという県民の意思が翁長知事を誕生させ、翁長氏死去後は後継者の玉城デニー知事に受けつがれ、県民投票の結果に結びついたとみることができる。一方、首相や政府の言う「沖縄との対話」や「沖縄に寄り添う」などといった耳ざわりのいい言葉は、実態と大きくかけ離れた印象操作であることを、国民の多くは気づくべきだ。

根幹を揺るがす事実

日本政府による辺野古移設の強行が続いているなか、基地建設の根幹を揺るがす事実が判明した。埋め立て予定地の大浦湾海底に、マヨネーズ並みと言われる軟弱地盤が広く存在することがわかったのだ。政府はその存在を把握していたにもかかわらず、ひた隠しにしていた。判明したのは２０１８年３月、市民の情報開示請求によってだ。

政府は改良工事が必要だとして２０２０年４月、工事に伴う設計変更を県に申請した。改良工事が必要な地盤は大浦湾側の約66・２ヘクタールで、政府試算で総経費は９３００億円に上る。そのうち約１千億円が地盤改良の費用となる。

工事は、約４年１カ月をかけ、砂ぐいなど約７万１千本を打ち込む工法だ。県が承認した時点から、埋め立て工事を経て米軍の使用開始までに12年かかると見込んでいる。

辺野古移設が、普天間飛行場の「一日も早い」早期返還につながらないことが一層鮮明になったと言える。

防衛省は調査の結果、軟弱地盤が水面下90メートルに達するとされる地点で、別の３地点の調査から強度を推定し「非常に硬い」と結論づけた。有志の大学教授らでつくる調査団は調査手法を疑問視し、地盤崩落、護岸倒壊の可能性を指摘している。

建設ありきで前のめりな姿勢が、おざなりの調査につながった可能性がある。前例のない難工事である。完成はまったく見通せない。

政府は２０１４年には埋め立て工事に要する総事業費を「少なくとも３５００億円以上」と説明していた。現時点の総経費はその約２・７倍だ。県の試算では最大２兆５千億円余りにふくらむ。

埋め立て土砂の投入は２０１８年12月から始まっているが、県の試算によると、数パーセント程度しか進んでいない。完成を見ないまま、工期と工事費だけがふくらむことも予想される。

一方で政府は２０２０年６月、地上配備型迎撃システム「イージス・アショア」の秋田県や山口県への配備計画を撤回した。迎撃ミサイルの発射後に切り離す推進装置「ブースター」を、自衛隊演習場内や海に確実に落とせない技術的な問題が判明したためだ。

安全に運用するためにはハードウエアの改修が必要になるという。すでに関係経費は4千億円以上にふくらんでいるが、改修のコストと期間を考えれば「配備は合理的ではない」と判断した。約4500億円以上の費用がかかる半面、配備は2025年度以降の予定だった。北朝鮮や中国の最新鋭のミサイルに対応できないとも言われ、配備撤回はある意味、当然の帰結だった。

辺野古の基地も同様の問題を抱えている。軟弱地盤の改良という技術的問題から費用や期間が大きくふくらんでいる。自民党の中谷元・元防衛相が「十数年、1兆円かかる。完成までに国際情勢は変わっている」と述べ、軍民共用など計画見直しに言及するなど、複数の自民党関係者が現行計画に異論を唱えている。

2021年度国防権限法案を可決した米連邦議会下院軍事委員会の即応力小委員会は、名護市辺野古の新基地建設予定地に存在する軟弱地盤や活断層に対する懸念を初めて法案に記述した。後に削除されたが、海底の詳細な状況や環境全体への影響に関する報告書を提出するよう、国防長官に指示する文言も盛り込んでいた。それだけ米側にも強い懸念があり、政府がくり返し言い続けてきた「辺野古が唯一」は揺らいでいる。

イージス・アショアは撤回しても、辺野古は現行のまま進めるという政府の方針は、明らかに矛盾する。沖縄ではこの対応を「二重基準」、あるいは「差別」だとして批判の声が強まっている。新型コロナウイルスへの対応策などに莫大な税金を投入せざるをえない状況のなかで、実現が見通せない巨額な無駄づかいを許していいはずがない。

沖縄いじめの背景――北朝鮮・中国脅威論

ここまで述べてきた沖縄の基地問題の不条理は、紙幅の制約から一部でしかない。しかし率直に言って、紙幅を多少増やしたとしても、本土の国民に共感してもらえるかどうか不安がある。沖縄の民意が全国世論になりにくい課題、いわば高いハードルを感じているからだ。それは主に二つあると考える。

一つは、北朝鮮や中国への脅威論。もう一つは、政府が言う「沖縄の基地負担」と、沖縄にとっての「基地負担」との大きなギャップである。

後者は章を改めて詳しく述べるので[▼1]、ここでは前者のハードルに触れたい。

北朝鮮や中国への脅威論は国民に広く根づいており、沖縄に対する政府の現行施策を支持する層の認識とも通底している。脅威論を前面に出した沖縄へのまなざしは、やや乱暴にまとめると、次のような内容だ。

〈北朝鮮や中国が攻めてくるかもしれないので、在日米軍基地に守ってもらわないといけないなか、沖縄は米軍基地に反対ばかりしてわがままだ。日米の同盟や安保条約は、日本の安全保障上、重要な国益である。沖縄の基地反対者は国益を損ねる人びとだ〉

▼1 83頁〜「基地負担軽減は本当か」

こうした認識をもっている人びとは少なくない。ネットなどでは「国益を損ねる人びと」は「国賊」「反日」「テロリスト」などと形容される。沖縄で反基地運動をしている人びとに対するヘイトスピーチやヘイトクライムなど排外主義の発想も、こうした考え方だ。沖縄の民意に共感するどころか、辺野古基地「反対」を言えば言うほど排外の対象にされてしまうのは、この発想があるからだ。

果たして、この発想は正しいだろうか。

まず指摘しておきたいのは、辺野古の基地に反対している沖縄の勢力には、日米安保に批判的な人びとから容認する人びとまで幅広くおり、「辺野古反対」の1点でつながっていることだ。現在の「オール沖縄」勢力がそれだ。主張は、全国の米軍専用施設の約7割が集中する沖縄で、新しい基地はいらない、というものだ。米軍基地の整理縮小を求め、国土面積のわずか0・6%、人口は1%しかいない沖縄に、ここまで集中させるのは差別だとの認識がある。

米軍関係者の事件・事故も集中している。そのたびに、基地内では逮捕権がないことや、事故の際は物件を押収して捜査できないなど日米地位協定の弊害、すなわち主権が行使できないという大きなリスクを負わされ続けている。北朝鮮や中国が怖いので米軍に守ってもらうというメリットは享受しても、それに伴うデメリット＝リスクを負わない本土側は無責任だ。辺野古のような基地がどうしても必要と言うのなら、自らが住む地域に引きとるのが筋ではないか。リスクを負う覚悟がない人には基地の必要性を語る資格はない。

もう一つ指摘したいのは、「日米同盟」至上主義で本当にいいのかという点である。「日米同盟」は、いまや国体化しているという見方もある。在日米軍基地の存在は、一義的には米国にとって国益があるとの判断で置かれているのであって、日本に関わる有事が起きても、当然ながら米国の「国益」が優先される。北朝鮮のミサイル実験が、日本列島を越えるものは容認するが、米本国に届く大陸間弾道ミサイルは許さないとする米国の姿勢に表れているように、米国がどこまで米軍人の命を犠牲にしてまで日本を守るかは未知数である。

真の意味で安全を確保したいのならば、北朝鮮や中国との間にある紛争の火種を除去する主体的な外交こそが重要ではないか。米国の顔色をうかがってばかりの忖度（そんたく）ではない対米自立精神が欠如したままでは、米国の戦争に日本が巻き込まれ、核ミサイルなどの標的にされるリスクが絶えずつきまとう。日米の軍事的一体化をめぐって、「米軍が日本を守る」と言うのはあまりにも表面的ではないか。一体化は日本国民の命を米国に預けることも意味する。それで本当に良いのだろうか。

核ミサイルの標的にされ、壊滅の危険を絶えず負わされているのは、ほかでもない、基地が集中する沖縄である。対立が激化する米中関係の懸け橋となって衝突回避へ努力することが、日本国憲法が描く日本のあるべき姿である。

責任の所在

ただ、沖縄で起きている問題の本質は、安全保障の問題ではなく、命や人権、差別の問題である。沖縄の民意を足げにし、民主主義を否定し、差別を生んでいる政権を選んでいるのは国民だ。沖縄で起きている不条理に対する結果責任は、日本政府だけではなく国民にもある。その責任を自覚している人は、本土にどれだけいるだろうか。責任を感じて沖縄の基地を引きとろうという運動が起きているが、まだ大きな広がりには至っていない。沖縄からは大半の国民が責任を感じずに黙殺しているように映っている。

ゆがめられる沖縄の自治
沖縄予算を懐柔策に利用する日本政府

稲嶺 進

「独断」島袋市政への疑問

私は１９４５年に当時の久志村（現・名護市）で生まれ、大学を卒業後、１９７２年復帰の年に名護市役所に入って以来、30年余り名護市に勤めてきました。２００８年7月に教育長の任期を終えてから2カ月くらい経ったころ、当時の名護市議十数名の方に呼ばれて、次の市長選を見すえての会合に参加しました。彼らの3分の2はいわゆる保守系で、当時の与党に属する人たちでしたが、〈現島袋吉和市長の市政はとても看過できない〉という話でした。

当時の名護市政には、私自身も疑問をもっていました。市長が自分の言葉、自分の意思で行政、政治をつかさどるという態度がほとんど見られなかったからです。当時、市民のあいだでは、「名護市には市長が3名いる」なんてうわさが立つくらいに、与党の人たちに対してさえも、市長はほとんど説明をすることなく、どこかで決まったことがそのまま進められているという印象がありました。それは役所内も同じで、職員の意見を聞くことも、職員を育てる様子もない。自分を支持する者とそうでない者とを色分けし、職員はいつもおどおどしているとも聞いていました。

比嘉鉄也市長時代（1986年2月8日〜1997年2月24日）には、私は総務部長を、岸本建男市長時代（1998年2月8日〜2006年2月7日）には収入役と教育長をつとめました。岸本建男さんは役所の先輩で、名護市総合計画・基本構想である、いわゆる「逆格差論」▼1の農山村計画の策定（1973年策定）や、「21世紀の森公園」の整備など、さまざまな行政の実績を残した方です。彼は滅多に怒ることはなく、酒を酌み交わしながら、職員と喧々諤々（けんけんがくがく）とやるような人でした。私は新基地の「条件付き容認」のこと以外では、個人的にも人間的にも彼を大変に慕っていたし、評価もしています。そういう関係性のなかでやってきたので、私は役所の中で窮屈な思いをしたことはありませんでした。

しかし、岸本さんの次に市長に就任された島袋吉和さんは、市議を4期務められたが、いわゆる行政内部のことは知りません。「政治」と「行政」を両立するには、まずは分けて考えないといけない。行政に政治的な手法・判断を持ち込んで影響を及ぼすことは問題です。職員は公

▼1　1973年に策定された名護市総合計画・基本構想。「名護プラン」「逆格差論」とも呼ばれた。工業化の進んだ中央と、1次産業を基盤とする地方との所得格差が問題視されていた当時、「列島改造論」などにみられるような本土の企業資本優先の工業開発を基盤にしたものではなく、「自然保護」「基盤確立」「住民自治」の三原則をもとにした地域活性化策を提唱した。（編集部）

務員で、日本国憲法や地方自治法に則って市民のために仕事をするのであって、そこには右も左もあるわけがないのですが、島袋市政ではそうした原則がゆがめられたという思いを私は抱いていました。職員が上の顔色をうかがいびくびくしていて、公人として市民のために仕事ができるような状況にはないという印象がありました。大学卒業後30年余りのあいだ名護市役所で仕事をしてきましたから、行政や役所の人事のあり方に対しても見過ごすわけにいかないと考え、市長選への立候補を決めました。▼2

市民目線・公正・公平な組織をめざして

私が市長に立候補する際に公約に掲げたのは、①市民目線、②公正・公平、でした。役所に対しては、いわゆる「お役所仕事」ということではなくて、「課題解決型の組織」を目指しました。「課題解決型」とは、各係・各課で業務を進める上での理論とコミュニケーションをしっかりとっていくということです。そのためには市民が窓口に来たときには、相談者の身になって、もし立場が逆だったら役所にどうしてもらいたいのかと、立場を入れ替えて考えることを職員には求めました。

それから「ガチンコ市長室」を始めました。採用3年目と5年目の職員を対象に、市の三役と部長2人に入ってもらって、テーマに対する答えを出していくにはどうしたらいいのかをメンバーで考えてもらうことを、それこそガチンコで5回にわたってやるのです。採用試験の際

▼2　2010年1月24日の市長選で当選。18年までの2期8年間名護市長を務める。

に抱いていた「市民のため」とか「公務員として」といった当初の強い想いを思い出してもらおうとやりました。答えを求めるというより、5回にわたる議論の積み重ねとそのプロセスを重要視することにしたのです。そのことで、若手の職員とのコミュニケーションを深めることができたと思います。

「予算編成」のときには、各部に予算枠を設けた上で、係長、課長を含めて部長決裁で、その部の事業を進められるようにしました。しっかりとした検証は求めましたが、各部に任せるようにしたことで、職員同士の信用・信頼を得ることにつながりました。

こうした組織改革によって、再編交付金がなくてもやっていける工夫を職員それぞれが生みだすようになったと思います。日本の各省庁にはさまざまな補助金のメニューがあります。再編交付金に頼らなくても、職員がどの省にどんなメニューがあるのかとアンテナを高くして探し出し、自分たちの事業計画にあうものを採用し事業を進めることができました。

ただし、「任せた」と言っても何でもありという訳でもありません。「あれば良い」ではなくて、「なければいけない」事業を考えて提案してほしいと言ってきました。週に1回ほどはアフター5に「500円会」をやって、たまには口喧嘩もしながら職員との交流を深めていきました。率直に言い合える交流を重ねていけば、若い職員も「それはおかしい」「あれは違う」と、相手が市長であっても意見を言ってくるようになる。そういうことをやりながら、職員たちと信頼を築くことができたと思います。自分たちで考え、工夫を生み出し、チャレンジする組織になっていったと思います。

島袋前市長の「V字案」受け入れ

私が前市政で一番看過できなかったのは、辺野古の新基地建設での「V字形滑走路案」の受け入れです。島袋さんの前に市長だった岸本建男さんは、当初、「軍民共用空港」「15年使用期限」などの七つの条件付きで「容認」と表明していました。そのときの計画は、沖合2キロの陸から離れたところでの杭打ち桟橋工法（ポンツーン方式）による「沖合案」でした。しかしそれを、日米両政府は、沖縄県と名護市の頭越しに、沿岸部を埋め立てる「L字案」へと一方的に変えたのです。そのとき岸本市長は、「沿岸部案」は絶対にダメだと反対しました。沿岸部案では部落への騒音被害は大きくなりますし、大浦湾側へと滑走路がのびる案は自然破壊も多大になります。これは岸本市長の遺言のようなものでした。

岸本建男さんは、島袋市長が就任して1カ月半後の2006年3月27日に亡くなりました。岸本さんが亡くなって11日目の4月7日、島袋市長は防衛庁で額賀福志郎防衛庁長官（当時）と会談し、「V字案」に合意しました。当時の稲嶺恵一知事も沿岸部のV字案には反対の立場でしたが、名護市長は単独で、与党にも地元にも相談なく合意したのです。私は当時教育長でしたが、私もV字案への合意を報道で知ったほどです。

新基地建設という市民生活への影響が大きい重大な事案を、市長が与党にも市民にも相談なく独断で進めることは、あってはならないことです。

再編交付金がなくても必要な事業は実施できる

２００７年、国は「駐留軍等の再編の円滑な実施に関する特別措置法」を制定し、〈在日米軍の再編による負担を受け入れていただいた市町村に対し、「再編交付金」を交付する〉制度を新設しました。私の市長就任前の２００８年度には約14億円、09年度には約３億８千万円を名護市は受けとっていました。

私は、〈海にも陸にも新しい基地を造らせない〉との公約を掲げ、市長に当選しましたので、在日米軍再編への協力を前提にした国からの再編交付金の交付は受けませんでした。「再編交付金」は、辺野古に新基地をつくることが前提でつくられた制度ですから、交付金をもらっておいて、新基地建設に反対することはもともとできません。

しかし、前市政で認められていた再編交付金事業には、繰り越し事業として私が就任したあとまで予算が組まれていたものもあり、私の就任当初は「継続事業は認める」ということだったのに、年の瀬の12月27日になってから、継続事業であっても再編交付金は「ゼロ回答」という連絡が国からきました。すでに４月からの会計年度から９カ月が過ぎています。ここまで来て予算がゼロになってどうしたらいいだろうかと、一時は騒然となりました。

当時の再編交付金事業のうち予算計上されていたのは13件、９億円分ほどでした。周囲からは、稲嶺が市長に就任したから自分たちの計画が削られてしまったと強い非難も起きました。

Q 再編交付金とはどのようなものですか？

A 再編交付金は、在日米軍の再編によって生じる負担そのものの防止・軽減・緩和を目的とするものではなく、再編による負担を受け入れていただいた市町村の我が国の平和と安全への貢献に国として応え、再編の円滑かつ確実な実施に資することを目的として、交付するものです。

Q 再編交付金の交付対象となる市町村は？

A 再編交付金の交付対象となる市町村は、再編により負担が増加する防衛施設が所在等する市町村のうちから、再編の円滑かつ確実な実施に資すると認められる場合(注)に、防衛大臣が指定します。

（注）例えば、市町村長が再編に一定の理解を表明し、市町村において当該姿勢を保持している場合が考えれるが、それに限定されるものではなく、再編の円滑かつ確実な実施に資するか否かという観点から判断。

はいさい
マンタ公園
県民の皆様へ

沖縄防衛局広報『はいさい』第102号（2007年10月1日）より。

私は、優先度をチェックしたうえで必要な事業はやりますと宣言しました。そうしたところ、2事業はいますぐにやらなくてはいけない事業ではないと判断しましたが、この2件以外のすべての事業を実施することができました。

再編交付金がなくても必要な事業は実施できることを、身をもって示すことができたと思います。それに、再編交付金がなくなっても、再編交付金をもらっていた年よりも、年々予算額が多くなっていきました。

仲井眞知事が広めた誤解

2013年12月、当時の仲井眞弘多知事は官邸で安倍首相と会談し、その2日後に公約を覆し、辺野古の埋め立ての承認を表明しました。仲井眞さんは首相との会談後、「有史以来の予算だ」「驚くべき立派な内容」と政府を持ち上げました。あのとき仲井眞さんは、沖縄は金を見せればなんでもやると、日本国民に沖縄のマイナスイメージを植えつけてしまったと思います。14年度の沖縄振興予算として3500億円という数字が挙がりましたが、沖縄は他府県が受けとる分（国庫支出金や地方交付税等）に上乗せして3500億円をもらっているのではないか、と日本国民に誤解を与えてしまいました。マスコミも、沖縄だけが過重に予算を得たわけではないこと[3]を正確に報道しなかった。政府も修正することなく国民が誤解するに任せていたということがあります。

▼3 「沖縄振興予算」とは、他の都道府県に交付されている国庫支出金・国直轄事業費に相当するもの。また、都道府県別の人口1人当たりの国からの予算の行政コスト比較でも、沖縄県は復帰後一度も全国1位になったことはない。（編集部）

安倍首相が仲井眞知事との会談で約束したのは、①普天間飛行場の5年以内の運用停止、②21年度まで続く沖縄振興計画期間内の３０００億円台の沖縄振興予算の確保、③日米地位協定の改定を米側に求める、の３点で、しかも口頭での約束にすぎなかったのですが、このうち②の予算についてだけが報道でも強調されつづけました。

〈沖縄は他府県よりも多く国から予算をもらっているのだから、基地を受け入れるのは当たり前だ〉といった認識を全国に広めてしまったのは、仲井眞さんの本当に大きな罪だと思います。実際には、②は、他府県と同等の予算を得たにすぎず、決して沖縄県だけが突出して多く予算を得たわけではありません。また、①、③は、いまに至るまで変わりありません。この前年の２０１２年10月には、県民の反対が強くあるなか、普天間飛行場に米海兵隊の垂直離着陸輸送機ＭＶ22オスプレイが配備されていますし、その後も米軍関連の事件・事故は続いています。政府は「普天間飛行場の一日も早い危険除去」や「沖縄の負担軽減」といった耳ざわりが良いことを言いますが、やっていることは、その言葉とはまったく矛盾だらけです。

政府・自民党は、基地問題に対して「できることはすべてやる」と言いながら、実際には期待感を持たせるだけです。国頭村（くにがみそん）の北部訓練場や普天間基地の一部が返還されても、「負担軽減」にはつながっていません。必ず同時に機能強化を図ってきます。

2014年「平成の琉球処分」

2014年の2期目の名護市長選挙の際には、当時自民党幹事長だった石破茂さんが名護市に500億円規模の振興基金をつくると、選挙戦の最中に突然言い出しました。辺野古の新基地建設との引き換えだと明言していて、金で名護市民を屈服させようとしたのです。

前年の2013年11月、石破さんは沖縄県選出・出身の自民党国会議員5人と会談し、県外移設の公約を覆させて、辺野古の新基地建設を容認させました。横一列に並ばせられた県選出の国会議員たちと、彼らを背後にして話す石破氏の写真をみて、沖縄では「平成の琉球処分」だと怒りの声が湧きました。政府・自民党の金で頬を叩くやり方、金で心まで買おうというやり方は、むしろ私たちの陣営を奮い立たせました。

「辺野古移設容認」について会見する自民党・石破茂幹事長と県関係自民党所属国会議員５人（右から、比嘉奈津美氏、宮崎政久氏、国場幸之助氏、島尻安伊子氏、西銘恒三郎氏）。国場氏、比嘉氏、宮崎氏の３人は、それまで「県外移設」の公約を堅持していた。（2013年11月25日　東京都内・自民党本部）写真提供＝朝日新聞社

そして結局、私が2期目の当選を果たすと、新興基金の話は「ゼロベースで見直す」ことになりました。政府のやり方は、金権政治そのもので、民主主義も何もあったものではありません。

2018年市長選での妨害

3期目を目指した2018年の市長選は異様でした。国会議員が200名ほど名護に次々と入り、創価学会も名護に選挙対策本部を立ち上げ、幹部が中央から入ってきました。公明党がそのように選挙戦をおこなうのは、2018年の名護市長選が初めてではないでしょうか。国会の建築、土木、電気、水道、農業の族議員たちが各団体に号令をかけて期日前投票で50％近くの数字を出しておく。異常な締めつけがおこなわれていました。

現環境大臣の小泉進次郎氏は一週間に2回も名護入りして、「名護市はごみの分別が16分別なんですね、大変ですねー」と言っていましたが、ごみ問題、環境問題について何も知らないのかとあきれました。名護市はごみの分別については日本で一番厳しいと思いますが、ごみ問題が世界で問題になっているなかで先端をいく施策だと誇りに思ってやってきました。しかも、すでに15年ほど前から分別を徹底し、リサイクルやリユース、環境保全につなげてきていました。ダイオキシンの問題に対処し、焼却炉の炉の維持に努めてきたのは、褒められこそすれ、「大変ですね」と嘲笑気味に言われる覚えはありません。地方行政について何もわかっていないのです。

市長は「政治家」ではなく「行政の長」

私は、市長というのは、「政治家」というよりも、「行政の長」だと考えていました。行政の長としてがんばれば、それは市民の福祉でも教育でも地域経済でも、自然と「市民のための市政」が深まり充実していくようになると考えています。

日本の行政組織を含めて日本の「政治」のあり方が問題であって、また、そういうふうにつくりあげてきたという問題があると思います。政治家も、いわゆる「官邸詣で」を「政治」だと考え、「中央とのパイプ」をもち、中央から「金」をひっぱってくることが「政治力」だと、まことしやかに言われてきましたが、それはおかしな話です。国の予算はすべて国民が納めた税金であって、地方交付税も省庁のメニューもすべて全国平等に扱われるべきものです。そこに政治家が入ってくるから恣意的な分配が起きる。反対する者には出さない、頭を下げる者には出してやる、といったことが起きる。こんな状況をつくりあげている日本の政治のあり方そのものが問題なのです。

人間が人間として扱われない植民地主義を終わらせたい

私は1945年生まれですから、米軍政の植民地政策のもとで沖縄県民がみじめな、人間扱いされない状況を見てきています。辺野古でも性暴力事件や殺人事件はありました。復帰後も、最近では2016年12月に名護市安部（あぶ）の海岸に米軍普天間飛行場所属のMV22オスプレイが墜落しました。しかし、そのような事件・事故が起きても、日米地位協定が壁となり、事件の全容を調査し、加害者を追及して責任をとらせることには限界があります。

政府・自民党は、国会議員に戦争体験者がいなくなり、米軍占領時代のことも知らないなかで、「国防」のことしか話しません。「尖閣諸島問題」にしても、国境の問題はずっと昔からあり、「解決」は非常に難しい問題です。だからこそ、国交を結び平和的で経済的な協調関係をつくろうと沖縄では努力してきたのを、当時東京都知事だった石原慎太郎氏が尖閣諸島の国有化を言い出したことで状況が変わってしまいました。石原氏がやったことの検証がないままに、中国が領海侵犯しているということだけが何度も強調され続けています。

日本国憲法下の日本に復帰したら、沖縄の人権状況も良くなるのではと期待していましたが、「復帰」して48年が経ち現在に至るも、県民の声は無視され、人権は踏みにじられ続けています。

「地域力」で「中央」のいじめに対抗

日本経済全体が右肩上がりに成長していくなかで、「地方の活性化」が言われ、大都市を模倣した「地域活性化計画」が金太郎アメのようにあちこちで出されましたが、失敗に終

名護市安部の海岸に墜落し大破した普天間飛行場所属のMV22オスプレイ（2016年12月14日） 写真提供＝朝日新聞社

オスプレイ墜落

▶墜落現場は集落から300メートルほどしか離れていなかった。米軍や防衛省は事故を「不時着」「着水」と発表。菅義偉官房長官も「パイロットの意思で着水した」（14日記者会見）と、「墜落」ではないとの認識を示した。

事故発生直後から事故現場は米軍によって規制線が張られ、証拠物も米軍が回収した。中城海上保安部は米軍に、機長の氏名などの情報提供や、乗員への事情聴取を要請したが、協力は得られず、証拠物にも触れられなかった。

2019年9月、海保は操縦していた機長を氏名不詳のまま航空危険行為処罰法違反の疑いで那覇地検に書類送検。日米地位協定17条には、日米当局は「犯罪についての証拠の収集および提出を相互に援助しなければならない」と明記されているにもかかわらず、捜査不十分のまま、2019年12月、那覇地検は当時の機長を不起訴処分にした。（編集部）

わっています。名護市はそのなかで身の丈にあったものを地道に実施してきました。

しかし、全国的な傾向ですが、名護市でも1次産業は現在、厳しい状況にあります。以前は、名護の1次産業の総生産力は県内でも1位、2位を争うほどで、90億円程あったのが、現在ではその半分くらいしかありません。結局は、土地改良事業（農水省の事業）によって一時的に土木建築業界がもうかっただけでした。名護市も地域循環型の地域経済が確立していれば、「再編交付金がなければ地域経済が立ち行かない」といった自分たちを卑下する状況におちいらずにすんだはずです。地元でつくられた農産物を地元で消費していれば、地元の農家は打撃をうけずにすんだ。以前はあった90億円近くの生産高に戻すだけでも、30億円近くが自分たちでつくったお金として残ります。再編交付金に頼らなくても、それで足腰の強い地域経済をつくりあげることができるのです。

地域力の再生が大切です。若い人たちも地域で育つ、暮らす。そのためには、「地域力」をみんなで育てることが大事だと私は考えていました。

岸本建男市長時代から進めてきたことでもありますが、ＩＴ産業を誘致しようと施設をまず整備したり、２次産業として若鳥の加工工場を誘致するなどして、若い人たちがここで仕事を得ることができるよう雇用を増やし、失業率を下げました。待機児童の解消のために、保育所は13カ所から25カ所へと増やし、有資格者の保育士も確保しました。

沖縄県では毎年「６・23慰霊の日」を中心に平和教育を継続してすすめてきていますが、名護市ではそれとともに、経済格差が教育格差につながらないよう、まず子どもたちが安定した学校生活を送れるようにとインフラ整備を進めました。校舎の耐震化と、全教室にクーラーの設置、トイレの洋式化の改修を進め、子どもたちのケアと教員の負担を減らすため支援員を増やしました。

また、合併前の支所の役割を復活させました。社会教育は地域づくり、人づくりがメインですから、本庁にいる人を分散・配置してそれぞれの区長さんたちとともに地域づくりを進めていこう、昔のように役場を、それぞれの地区に何がいま必要なのかを議論できる場所にすべきだと考え、支所にも事業計画が提出されれば予算を振り分けました。

私がやってきたことは地道なことばかりですが、これが地域の活力につながるのだと考えていました。

沖縄戦、米占領期の人権否定の記憶

安倍政権は、沖縄県民の人権も含めて民主主義の否定、地方自治の否定をあからさまにやる政権だったと思います。金の力、組織の力を大上段にふりかざしてきました。

２０１５年8月、現首相で当時の官房長官の菅義偉氏は、当時の翁長雄志知事と会談した際、「私は戦後生まれなので、歴史を持ち出されたら困る」と言われました。沖縄の歴史を知らないと平気で言ってのけたのです。しかし、沖縄の人たちには、75年前の太平洋戦争のときの苦い経験がずっと生きています。戦争を二度とくり返してはいけないという思いから新基地建設反対の思いが生まれてきているのです。

戦争から75年経ち、経験者は1割もいなくなってしまいました。しかし、あの戦争の、人を人と見ない、人間を人間たらしめない状況を決して忘れてはなりません。

そもそも名護市は立地条件に恵まれています。三方に海が広がり、すぐ後ろに山があり、県内10市のなかでも他にはない地理的な優位性をもっていてポテンシャルも高い。岸本市長時代の「逆格差論」でも、自治、自然保護と資産基盤、つまり、この地に育つ生産基盤を確立していこうと提唱されていました。沖縄の空、海、文化が資源であり、財産なのです。辺野古を埋め立てることは、みずから資源をつぶすということです。

（＊本稿は２０２０年9月15日、名護市内でのインタビューをもとに構成したものです。）

日米同盟関係から生じる構造的性暴力

高里鈴代

Ⅰ 紛争下における女性への暴力は戦争犯罪である

2018年のノーベル平和賞は、「紛争下における性暴力」と闘う2人に授与された。1人は、ナディア・ムラド氏。イラクにおける少数派ヤジディー教徒の人権活動家だ。彼女は2014年にイスラム過激派組織「イスラム国」に拉致されて、3カ月間も性奴隷として拘束されたなかから逃げ出すことができ、その後は性暴力をなくす闘いを続けている。2人目のデニ・ムクウェゲ医師は、紛争が続くコンゴ東部で、性的虐待やレイプによる身体的・精神的な傷に苦しむ女性たちの支援に20年以上とりくんできたコンゴ民主共和国の産婦人科医である。

ノーベル委員会は、両氏を「自らの命を危険にさらしてまで、戦争犯罪と勇敢に闘い、犠牲者らの正義を果たそうと尽力してきた」と讃えた。

受賞は画期的で、〈紛争下の性暴力〉の問題に光が当てられたことはうれしい。

1.「北京行動綱領」に沖縄の状況を重ねて

1995年、「第4回世界女性会議」（以下「北京会議」）が北京で開催され、沖縄からも71人の女性がNGOの世界会議に参加した。私は、「北京行動綱領」の12領域のなかでも、とくに「E―女性と武力紛争」の項目にひきつけられていた。

1993年、ウィーンでの国連世界人権会議は、「紛争下における女性への暴力は人道に反する罪であり、戦争犯罪である」と定義した。そしてその2年後の北京会議で採択された「北京行動綱領」も、明確に「紛争下における女性への暴力は戦争犯罪」と規定した。私は第2次大戦後から50年間という長期にわたる米軍駐留下で続く、沖縄での米軍による性暴力も、同じ視点から捉えられてよいのではないかと考えてきた。たしかに現代の沖縄は、武力紛争下や外国占領下や植民地支配下にあるわけではなく、独立国の一地域である。しかし、沖縄戦を経てもなお、米軍の女性への性暴力が続く状況は、「外国軍隊長期駐留下」として、「紛争地」に準じて捉えられるべきではないか。

2.「沖縄における軍隊・その構造的暴力と女性」報告書

1995年の北京会議の際、沖縄の女性たちは、「沖縄における軍隊・その構造的暴力と女性~武器によらない平和の実現を」と題した報告書[▼1]をまとめ、世界の女性たちとネットワークを築くための「共同声明」を準備してワークショップを開催し、多くの共感を得た。以下は報告書の概要である。

(1)沖縄は、米軍と日本帝国軍隊との地上戦のなかで、住民の4分の1の命をなくすのみならず、終戦に至らない前から米兵による女性への性暴力が始まった。

(2)米軍が関わる朝鮮戦争の派兵基地としての沖縄では、無差別の性暴力が起きた。

(3)兵士の士気に欠かせない性病対策が、沖縄では占領国米軍の主要政策に置かれた。

(4)ベトナム戦争への前進基地では、ベトナム帰還兵の狂気によって、女性に対する犯罪が多発した。多くの女性の尊厳が奪われ、年に数人が絞殺されて溝に捨てられた。

(5)しかし、沖縄に主権はなく、米軍の自由気ままな駐留下の暴力に苦しみ、基本的人権もないなか、基地依存経済社会で生きざるをえなかった。

(6)ベトナム戦の最中の沖縄では、大規模な軍隊が駐留する軍事基地から戦場への出撃がくりかえされるなかで、軍隊の暴力があらわになった。兵士たちは敵を殲滅するために、強い優越思想と蔑視感情を植えつけられた。兵士個々人の性暴力犯罪を超える政治的状況や、戦場での実践、暴力が奨励された占領者の支配・優越の社会にあって、女性の人権は無視され、むき出しの暴力が沖縄社会に吐き出された。構造的暴力である。

(7)軍隊の性暴力の歴史的事実は、141年前にさかのぼる!

▼1 『沖縄における軍隊・その構造的暴力と女性』北京世界女性会議NGOフォーラム、1995年9月7日

1853年、アメリカ海軍ペリー提督率いる艦隊が日本に開国を求めて来航したとき、当時は琉球王国だった泊港に停泊し、一部の乗組員を琉球に残してから下田に出向いた。その留守中に、水兵ウイリアム・ボードが女性を強かんし、住民に追跡されて溺死した事件が発生した。琉球に戻ったペリー提督は、琉球国王に乗組員の死について裁判を求めた記録が残っている。

（8）太平洋戦争末期、本土防衛のため、1944年3月沖縄に大日本帝国陸軍第32軍が創設され、その約11万の軍隊のために全島に慰安所が設置された。韓国・朝鮮の女性、台湾の女性、沖縄の辻遊郭の女性たちが慰安婦に動員された。

Ⅱ　沖縄の現実に引き戻された

1．少女性暴力事件と「強姦救援センター・沖縄　レイコ」の立ち上げ

北京会議で世界の女性たちと交流し、「女性への暴力は人権侵害である、沈黙を破って声をあげよう」とのメッセージにエンパワーされて帰国した那覇の空港で、私は9月4日に起きた3人の米兵による12歳の少女への性暴力事件を知らされた。すぐに思い起こされたのが、その2年前の1993年に起きた19歳の女性への事件だった。

女性を路上から拉致して基地内に連れ込みレイプした加害者の米兵は、基地内の監視下から

米国に逃亡した。逮捕後も加害者が基地内に拘留されていたのは、「日米地位協定」にもとづく処置だった。日米地位協定第17条5（C）では、被疑者の「身柄が合衆国の手中にあるとき」には、起訴前には日本側へ引き渡されない、としている。

ＦＢＩや国際刑事警察機構へ依頼し、4カ月後には加害者を沖縄へ連れ戻すことができたが、被害女性は孤独な思いのなかで告訴を取り下げた。それにより、加害者は日本の司法の裁判ではなく、軍の裁判を受け、軍からの追放という判決が下った。

このとき被害者を孤立させてしまったという後悔もあって、95年の事件の際、私たちはまず声を上げようと、一刻の猶予もないという思いで記者会見や集会をし、そして性暴力被害支援の「強姦救援センター・沖縄　レイコ」[2]を立ち上げた。また、10月21日に8万5千人が結集した県民大会の後に、「基地・軍隊を許さない行動する女たちの会　沖縄」を結成し、県議会前広場で12日間の座りこみ行動をおこなった。少女に加えられた暴力は、特殊なものではない、沖縄でずっと起きてきたこと、そのことを知っている私たちは本気でこれにとりくむことを伝えたい。そういう思いが強くあった。

12歳の少女への性暴力事件は、沖縄の人びとに、40年前の１９５５年9月の「由美子ちゃん事件」（6歳の由美子ちゃんが強かん・殺害のうえ遺棄された事件）を思い起こさせた。被害者の名前で事件を憶えているのは、「由美子ちゃん」が殺害されたからで、実はその1週間後にも、9歳の少女が就寝中の自宅の部屋から連れ去られ、ひどい強かん致傷被害を受けていた。沖縄の人びとの多くが、近くに遠くに思い起こす女性、子どもがいたことだろう。

▼2　『強姦救援センター・沖縄　ＲＥＩＣＯ　16年の歩み』２０１２年1月22日

2.「アメリカ・ピース・キャラバン」訪米行動と年表作成

国内外のメディア関係者から「このような事件はこれまで何件ありましたか」、「データはどこにありますか」と聞かれて、大きなギャップを感じていた私たちは、アメリカの市民に自国の軍隊が起こしている暴力について訴えたいと、1996年には女性13人で「アメリカ・ピース・キャラバン」を組み訪米した。[▼3] 実態を示す資料として、新聞、市町村史、書籍、証言などに点在する事件をかき集めて時系列に並べて作成したのが、「沖縄・米兵による女性への性犯罪」年表、A4サイズ用紙5ページの第1版である。

▼3 詳しくは『武器によらない国際関係―アメリカ・ピース・キャラバン報告集』基地・軍隊を許さない行動する女たちの会、1996年6月を参照。

Ⅲ 「沖縄・米兵による女性への性犯罪」年表が明らかにするもの

以下、年表から時代別にその特徴を列挙する。

1. 米軍の上陸直後から朝鮮戦争後まで

▽沖縄への米軍上陸直後から銃やナイフで脅し強かんする性暴力が始まった。
▽2~6人の集団による、その場での強かんや、拉致し基地内の他の兵士集団による強かん。
▽助けようとする家族、警察官などが殺害されたり、重傷を負っている。
▽収容所、野戦病院、畑、道路、井戸、基地内、家族の面前など、あらゆる場所で。

▽強かん致死傷。赤ちゃんを負ぶった女性が拉致され、強かん、殺害されるなどの残虐さ。
▽被害者は9カ月の乳児（1949年9月）、6歳（1955年9月）、9歳（同）を含めあらゆる年齢に被害はおよんだ。
▽強かんの結果の出産は多数。
▽加害者はほとんど不処罰である。

沖縄は1972年に日本に「復帰」したが、それまでの戦後27年間の米軍占領下では、沖縄の人間には基本的人権はなく、米軍犯罪はすべて米軍の裁判所で英語で執行され、被害者の訴えが正当に裁かれたかどうかの保証はない。

2．ベトナム戦争時　絞殺される女性たち

以下は「沖縄・米兵による女性への性犯罪」年表[4]（第12版）よりの抜粋である。

（【　】内は処罰の方法）

1965年1月	28歳のホステス、自宅で殺害される。3人の米兵が容疑者として取り調べられる。【不明】
1966年7月	31歳のホステス、米兵に強姦、殺害され全裸死体が下水溝で発見される（金武村）【脱走兵、逮捕後、不明】
1967年1月	32歳ホステスが18歳の海兵隊員に絞殺、全裸で発見される（金武村）【重労働35年

▼4 『沖縄・米兵による女性への性犯罪（1945年4月～2016年5月）』第12版、基地・軍隊を許さない行動する女たちの会・沖縄、2016年6月

の判決】

4月　34歳のホステス、米兵に強姦、絞殺される（コザ市）【不明】

4月　ホステスが間借り先で米兵にナイフで刺され死亡する（コザ市）【不明】

11月　20歳のホステス、自宅で就寝中に米兵にハンマーで頭を殴られ死亡（金武村）【迷宮入り】

1968年3月　牧港補給基地勤務のメイド、米軍将校女子寮の風呂場で絞殺される（浦添村）【迷宮入り】

5月　52歳の主婦、自宅前路上でミサイル基地所属上等兵に強姦、殺害される（読谷村）【沖縄警察捜査。終身刑】

5月　45歳の女性が帰宅途中、海岸で米兵に強姦、殺害される（読谷村）【不明】

6月　23歳のホステス、海兵隊MPに強姦される。短銃で殴られ、重体（宜野座村）【逮捕後不明】

1969年2月　21歳のホステス、砲兵連隊所属二等兵に自室で絞殺、全裸死体で発見される（コザ市）【逮捕後不明】

2月　19歳の女性、間借りの自室で、牧港補給基地所属の米二等兵に絞殺される（コザ市）【不明】

2月　20歳の女性、第15歩兵隊所属の米兵に絞殺される（コザ市）【CID（米軍犯罪捜査隊）に検挙。刑は不明】

3月	20歳ホステスが死体で発見される。司法解剖の結果、米兵の犯行と断定（那覇市）【迷宮入り】
11月	25歳の女性、路上で米兵に強姦される。抵抗しナイフで傷つけられる【俸給2カ月分の罰金、降格】
1970年5月	女子高校生、軍曹に襲われ、腹部、頭などメッタ刺しにされる。強姦未遂【懲役3年重労働、降格】
1971年4月	22歳のホステスの全裸死体が墓地で見つかる。海兵隊伍長を逮捕（宜野湾市）【証拠不十分で無罪】
5月	41歳の女性が18歳の海兵隊二等兵にドライバーで刺殺される。指紋、体液の血液型などの証拠で逮捕（金武村）【不明。本人は否認】
1972年4月	25歳のラウンジ経営の女性、米陸軍軍曹に殺害され排水溝に捨てられる（沖縄市）【懲役18年】
8月	37歳のホステス、米陸軍ズケラン特別隊補給大隊所属の19歳二等兵に強姦、絞殺される（宜野湾市）【無期懲役】
12月	22歳のサウナ嬢を、海兵隊二等兵が強姦、シミーズのひもで絞殺（コザ市）【無期懲役】

ベトナム戦争からの帰還兵による性的攻撃の受け皿は、もっぱら基地周辺で米兵を相手に働

く女性たちだった。1969年に琉球政府がおこなった実態調査によると、経済的に貧しい社会のドルの稼ぎ手として、約7、400人の女性が売買春関連で働いていた。女性たちは多額の前借金による強制管理売春が肥大化していくなかで、米兵の給料日には、一晩に20～30人の兵士を客としなければならず、その日に店を休むと20ドルの罰金を課せられていた。

〈ホテル、Aサインバー、旅館、洋裁店等どれをとっても彼女たちに大きく依存しているのである。彼女たち自身も一日当たり15～20ドルの収入があると予測されるが、1972年当時の彼女たち「特殊婦人」の数は、7、500～10、000人と推定されると、彼女たちの年間の稼ぎは少なく見積もっても4、590万ドルあることになる。これは沖縄の基幹作物であるサトウキビが4、350万ドル、またはパイナップルが1、700万ドルであるところから、沖縄最大の産業とも言えた〉[▼5]

私は、1980年代に那覇市の婦人相談員をつとめていたが、ベトナム戦争時に米兵相手に働き、家族をささえ、子どもを育てていた女性たちから、例外なく、絞殺されそうになった経験を聞いた。実際に、毎年1人～5人の女性が絞殺された。個々の兵士の犯罪を超えて、駐留米軍の構造的暴力であることを知らされた。朝鮮戦争やベトナム戦争のころは、女性が戦争につながる暴力を受け続けていたのである。

3. 復帰後の性暴力

1972年の施政権返還により、沖縄は日本国憲法が適用される日本の一県になった。しか

▼5　島袋浩（琉球新報記者）「潮」1972年6月号より。

し、駐留する米軍の規模は変わらなかった。当時はまだベトナム戦争下で、米兵による事件は続いていた。米軍は徴兵制度から志願制度となり、貧しい社会の貧しい青年が志願せざるをえない「貧困徴兵制」に変化した。また沖縄がドル安円高の経済圏に入ったことで、沖縄での米兵個人の経済力は低下した。基地周辺ではフィリピン人女性の姿が目立つようになり、彼女たちは過酷な労働環境下に置かれた。１９８３年には、フィリピン人女性２人が焼死する事件が起きたが、彼女たちは外から鍵がかけられていた宿舎で焼死した。

復帰後10年も経っていない１９８１年には、若く貧しい兵士たちが腐食した金網をくぐり女子中高生を基地内に連れ込む事態が発覚し、教育界は震撼した。

4. 連綿と続く性暴力

年表作成は、24年を経て、現在12版を重ねている。事例の出典数もワシントン公文書館での沖縄の米軍占領資料も含め41点にまで増えたが、活字になったもののかき集めでは、実態の全容把握には遠く、氷山の一角にすぎない。

米軍駐留の75年間、連綿と続いてきた米兵による性暴力に、どれほどの女性たち子どもたちが苦しんできたか、はかり知れない。この年表の裏に、沈黙のなかでその苦しい体験を生き抜いてきた女性たち、子どもたちがいることも忘れてはならない。

米軍駐留のもと、基地から派生する事故・事件のうち最も多く発生してきた女性に対する性暴力・犯罪が、統計上は実際より少なく見積もられているのは、顕在化を抑える力が、日米両政府とその社会に根強く存在するからにほかならない。

Ⅳ　性暴力の軽視と隠蔽で米軍駐留は保障される

1.「SACO合意」の欺瞞

１９９５年10月、８万５千人の沖縄県民が、12歳の少女への３米兵による性暴力事件に怒り、抗議の県民大会に結集した。その怒りが日米安保体制そのものを揺るがしかねないと感じた日米両政府は、在沖米軍基地の整理縮小を協議する「沖縄に関する特別行動委員会（ＳＡＣＯ）」を設置した。翌96年12月に発表された合意書（ＳＡＣＯ最終報告）では、普天間基地の名護市辺野古への移設、北部訓練場の過半の返還などが盛り込まれたが、「両国政府は、沖縄県民の負担を軽減し、それにより日米同盟関係を強化するために、ＳＡＣＯのプロセスに着手した」（防衛省ＨＰ）とあるように、その本質は日米同盟関係の強化だった。▼6

「あいつらバカだ。レンタカー借りる金で女が買えた」

１９９５年11月、３米兵による少女への事件に対し、当時のリチャード・マッキー米太平洋軍司令官はこう言い放った。米国の上下院議会で女性議員たちから「すべての女性に対する差別発言」と抗議され、彼は更迭されたが、米国政府は、彼の女性差別発言を問題視したのではなく、日米同盟関係を危うくする発言だったからこそ、更迭したのではないか。

▼6　同合意書には、続けて「日米双方は、日米安全保障条約及び関連取極の下におけるそれぞれの義務との両立を図りつつ、沖縄県における米軍の施設及び区域を整理、統合、縮小し、また、沖縄県における米軍の運用の方法を調整する方策について、ＳＡＣＯが日米安全保障協議委員会（ＳＣＣ）に対し勧告を作成することを決定した。このようなＳＡＣＯの作業は、１年で完了するものとされた」と書かれている。

2．軍隊の本質――暴力性、性差別、民族差別が補完される

アメリカ・オハイオ州の『デイトン・デイリー・ニューズ』紙は、「軍隊の秘密」という5回連載の特集で、米軍内部の性暴力の深刻さを告発した。1988年から95年までの7年間の米軍内部の裁判記録をもとに犯罪記録を分析した結果、軍関係者による性犯罪率は、軍の外での性犯罪率よりも高いこと、また、その7年間に裁かれた性犯罪1、832件のうち、スペイン24件、イタリア16件、アイスランド12件、イギリス10件と比べ、在日米兵が裁かれた性犯罪は216件で、国外に駐留する米軍のなかでは断トツに多いことがわかった。在日米軍、すなわち沖縄での性犯罪率が最も高いということだ。

さらに同紙の分析では、軍事最優先の立場をとる軍当局は、性犯罪の加害者に対して寛大な措置をとる傾向があり、軍隊での性暴力の起訴率は低く、軍事法廷につながるのはその3分の1にすぎないという。だから軍事裁判で有罪になっても、FBIの犯罪履歴には転載されない。

3．米政府の犯罪の矮小化　比較のまやかし

ブルース・ライト在日米軍司令官は、こうした事実を隠蔽するかのように、2006年5月24日、都内の日本記者クラブで、「（米兵の）犯罪率は低い」と発言した。「（在日米軍は）善良な市民であり生身の人間だ。揺るぎないプロフェッショナリズムをモットーとし、犯罪を一切許さない。トップから一番下のランクの隊員までそれを踏襲している。在日米軍隊員の犯罪率

が低いことからも、プロフェッショナリズムがわかる」[7]

1995年以降、沖縄での米兵による犯罪を矮小化する動きがある。橋本宏沖縄大使（当時）は、2003年1月の離任会見で、「在沖米軍関係者1人当たりの犯罪発生率は、沖縄県民よりも低い」と述べた。同じ見解が2006年の在沖米国領事館ホームページの「政治・軍事関係」に記載があった（現在は削除されている）。「軍に関係する訓練中の事件や犯罪に関しては、2004年の米国軍人のかかわった事件の数は、前年の74件から38件と劇的に減少しています。これは米国内の駐留軍と比較しても少なく、また、軍人口における若年者の優勢にも関わらず、沖縄の一般社会における犯罪発生率の半分以下でしかありません」

この奇妙な一致は、何だろうか。沖縄社会の犯罪率との比較はまったくの論理のすりかえである。比較するなら、派遣されている米兵は、米国の国家公務員だから、沖縄の国家公務員の犯罪率との比較か、あるいは、米兵が沖縄の地域社会で犯す性暴力や強盗の件数と、沖縄の人間が米軍基地に侵入して犯す同様の犯罪件数との比較ならどうだろうか。それはゼロである。

米軍基地のゲートには約20センチ幅のオレンジ色の境界線が引かれていて、日米地位協定の提供施設であることを示している。ゲート正面やフェンスには、「ここは○○基地との境界線です。許可の無い者の出入りを禁ず。司令官の命による」の警告板がある。しかし、その逆は存在しない。そして、日米地位協定などによって日本の警察・検察の捜査には制約があり、米軍関係者による日本国内での一般刑法犯の起訴率は低い傾向にあることが指摘されている。[8]

▼7 『米兵は犯罪率低い』在日米軍司令官が強調」琉球新報、2006年5月25日

▼8 「米軍関係の刑法犯　低い起訴率　識者『日本が裁判権放棄した密約生きている』」沖縄タイムス、2020年2月10日、他参照。

4. 軍事同盟優位のなかで女性の人権軽視の日本

１９８４年、高校2年生のとき、３人の米兵に「I can kill you」とナイフで脅され性暴力被害を受けた女性は、自分の沈黙が、その10年後の１９９５年の12歳の少女の被害につながったのではないかと、自分を責め後悔していた。彼女は、２００５年7月の10歳の少女への米兵による強制わいせつ事件の際に、当時の稲嶺恵一知事へ公開の手紙を出した。[9]〈米兵たちが今日も我が物顔で、私たちの島を何の制限もされずに歩いています。仕事として「人殺しの術」を学び、訓練している米兵たち〉。米軍基地・軍隊の撤退を強く切実に知事へ訴えた手紙を、沖縄県選出の国会議員が国会の外務委員会で取り上げた。しかし、当時の町村信孝外務大臣は、「米軍と自衛隊があるから日本の安全も平和も保たれている」、「女性の手紙は認識にバランスを欠いている」と反論した。[10]

基地問題とは、まず、①強制接収されている土地問題、②日々の演習による爆音、山火事、③演習事故、④返還後の土壌汚染などである。⑤にその他、基地外での米兵による自動車事故や強盗事件などがある。①から④までは公務中の問題で、地位協定に規定されている。「沖縄の負担軽減」というならば、最も被害の多い、大規模の米軍駐留によって発生し続けている女性への性暴力を、まずなくしてもらいたいものだ。

日本の刑法では「強姦罪」は量刑が軽く、親告罪であったために、[11]性暴力被害者は圧倒的に沈黙し、警察に訴えなかった。訴えても告訴の熟考を促され、取り下げるケースが多かった。

▼9 「性暴力もう二度と」富田由美（仮名）、沖縄タイムス、２００5年7月5日

▼10 「軍隊があるから日本は平和」沖縄タイムス、２００5年7月14日

▼11 ２０１7年7月に１１0年ぶりに法改正され、親告罪ではなくなった。

現に、１９９３年と２００８年の性暴力事件でも、それぞれ19歳と14歳の被害者へのバッシングがひどく、被害者は告訴を取り下げた。対する米軍側は、地位協定の地位を盾に米兵を擁護し、裁判では「合意があった」と主張する強い対抗姿勢で迫ってくる。

5．人権意識の低い日本社会は性暴力加害者を断罪しない

性暴力被害者に対する人権意識が低い日本社会では、駐留する米軍は、いとも容易に暴力行使におよぶ。

１９９５年の12歳の少女への性暴力事件の裁判では、加害者である３人の米兵たちが、米国労働祭の休日に基地内でガムテープとコンドームを購入し、レイプ目的でレンタカーを借りて基地の外に出かけたことが明らかとなっている。また、彼らは次のようにも話していた。

①日本の女性は性被害にあっても訴えない。同僚もレイプしたが捕まっていない。
②日本の女性は銃やナイフを護身用に持っていないから、襲っても大丈夫。
③日本の女性には、米兵は皆同じように見えるから、捕まって面通しされてもばれない。

２０１２年の米本国の基地所属の海軍兵士による集団性暴力致傷事件でも、たった2泊の沖縄滞在中の犯行だから「ばれないと思った」と述懐し、また２０１６年4月の、性暴力のうえ殺害、死体遺棄事件の加害者である元海兵隊員の軍属は、裁判では黙秘を貫いていたが、米軍の準機関紙『星条旗新聞』のインタビューに、日本文化には性暴力に対する社会的偏見があり、また親告罪だから、日本の女性は性暴力を訴えない、とコメントしている。▼12

▼12　英字紙「星条旗」２０１７年２月13日「He didn't fear being caught because of Japan's low rate of reporting sexual assaults, he said, due to cultural and social stigma.」

これは、1995年から20年以上も、米兵たちのあいだに、「日本の女性は性被害を訴えない」だから「罪に問われない」との認識が共有されているということではないか。

女性の地位が低く、暴力の被害者に非難と負い目を課すのは、家父長制社会の常態である。被害者が自分を恥じて沈黙することで社会の秩序が維持されている日本社会は、軍事同盟を嬉々として受け入れ、暴力が構造的であることが見えず、兵士の個人的行為、女性や子どもの側に誘いや隙があったなどと強調されて、暴力を不可視化し、加害者は断罪されない。

V　軍事基地の島からの脱却に、沈黙を越えよう

「戦後・米兵の女性に対する性犯罪」年表の取り組みを1996年から始めて、24年目になるが、女性への性暴力が矮小化される現実は変わらず、他方、日米の軍事同盟関係強化の動きは増している。

1995年から25年を迎えるいま、改めて「SACO合意」のまやかし、欺瞞を問いたい。

前述したように、日米の「両国政府は、沖縄県民の負担を軽減し、それにより日米同盟関係を強化するために、SACOのプロセスに着手した」（防衛省HP）と言う。しかしこの25年間、「沖縄の負担軽減」を枕詞に使いながら、結局は日米同盟関係の強化そのものの犠牲として沖縄は供されてきた。駐留規模の削減はなく、基地・演習から派生する爆音、環境汚染、米軍機の落下事故は続き、米軍人の犯罪は途絶えることはない。

戦後からこれまでに、女性、子どもが受けた苦しみと痛み、暴力のすべてが余すことなく白日のもとにさらされていたら、4分の3世紀もの長期にわたって、日米は沖縄を軍事基地の島にとどめておくことができただろうか。

「負担軽減」というまやかしにはもう動じない。辺野古新基地建設も含め、すべての基地建設に強く反対の意思を示していこう。沖縄は、もはや軍隊の島、暴力の島を拒否する。

基地被害を下支えする日米地位協定の壁

高木吉朗

1　はじめに

米軍基地を抱えることからもたらされるさまざまな基地被害は、日本全国の米軍基地の7割以上が集中する沖縄で集中的に表れる。このことは、日米安保体制というものが沖縄の犠牲を不可欠の構成要素として組み込むことで、辛うじて成り立っていることを意味している。そして、この不条理を法的に下支えしているのが、日米地位協定である。

日米地位協定は幾多の問題点を抱えているが、紙幅が限られているので、本稿では、地位協定とは何かについて簡単に説明した後、地位協定の根本的問題点といえる二つの問題、すなわち、①米軍には日本の国内法令が適用されないとされていること、および、②立憲主義を掘り崩す日米合同委員会の存在について取り上げることとする。

2　日米地位協定とは何か

(1)　地位協定とは何か

第二次大戦以前は、外国の軍隊が他国に駐留するのは、一方が他方の植民地であるか、または占領下に置かれているときに限られていたが、戦後、戦争状態ではない平時において、独立主権国家同士の間で外国軍隊の駐留が行われるようになった。

しかし、植民地でもなく、占領状態でもないのに平時に外国軍隊が駐留することは、本来、受け入れ国の主権を侵害するはずである。そこで、派遣国と受け入れ国の間の合意という形で、駐留軍の受け入れ国における法的地位（受け入れ国の法令は適用されるのか、裁判権は及ぶのか、など）を細かく取り決めておくこと、すなわち地位協定が必要となる。

すなわち、地位協定（Status of Forces Agreement（ＳＯＦＡ））とは、一言でいえば、「外国駐留軍の特権に関する派遣国と受け入れ国の合意」を意味する。

地位協定の原型は、１９５１年のＮＡＴＯ軍地位協定であるが、現在アメリカは、１００以上の国または地域との間で地位協定を締結している。

(2)　日米地位協定の成立

旧安保条約（1960年の改定以前のもの）は、米軍の日本への駐留を前提として、同条約3条は、米軍の具体的な配備条件を行政協定で定めることとし、その行政協定は、1952年2月に日米両政府間で署名された（ただし、国会には上程されなかった）。

しかし、この行政協定は、実際には講和条約成立後も米軍による日本の占領を継続するためのものであった。このことは米側の関係者も認めている。例えば、1957年2月に在日米大使館から米国国務省に送られた機密文書「在日米軍基地に関する秘密報告書」（通称ナッシュ・レポート。アイゼンハワー大統領が、海外の米軍基地の状況を調査するよう、当時のフランク・ナッシュ大統領特別補佐官に命じて作成させたもの）は、日米間の行政協定が、米軍占領下と同じ状態をもたらすものと明言していた。

その後、1960年の新安保条約と同時に、行政協定も現在の地位協定に改められ、その内容も国会に上程された。新たな地位協定では、日米の対等性を確保すべく若干の字句が変更されたものの、同時に作成された日米間の合意議事録などにより（合意議事録の方は国会には上程されていない）、米軍の広汎な権限が実質的に維持された。このことは、1960年1月6日に当時の藤山外相とマッカーサー駐日大使との間で交わされた「基地の権利（Base Right）に関する秘密合意」という文書で、旧行政協定における米軍の地位が、新地位協定の下でもそのまま継続することが確認されていることからもわかる。

3 地位協定の問題点①――国内法の不適用

(1) 国際法上の領域主権原則と地位協定

i さて、国際法上の基本原則である領域主権の原則からすれば、駐留軍の基地内であっても、原則として受け入れ国の主権（統治権）が及ぶ。したがって、本来は駐留軍にも受け入れ国の主権が及び、受け入れ国の法令が適用されるのが原則である。この領域主権原則の例外を規定するのが地位協定に他ならない。つまり、地位協定の中に「駐留軍には受け入れ国の法令は適用されない」という明文規定がない限り、駐留軍にも受け入れ国の法令が適用されることになる。これは国際法の常識的理解であって、国際法の専門家も同様の指摘をしている。[1]

アメリカも、当然のことながらこのような国際法の常識的理解に立っている。例えば、米国国際安全保障委員会の報告書（2015年）は、①「ある国に滞在する外国人は当該国の法律の適用対象であるとするのが基本的国際法のルール」であるとした上で、②「受入国に駐留する米国の軍人・軍属には、当事国間で合意に達した適用除外が認められるが、米国に駐留する受入国の軍隊は、完全に米国法の適用対象となる」としている。

日本と同様にアメリカとの間で地位協定を締結しているほかの国々も、やはりこのような国際法の常識的理解に立っている。例えば、ドイツの地位協定に相当するボン補足協定53条は、

▼1 沖縄県編『他国地位協定調査報告書（欧州編）』30頁。なおこの報告書は、沖縄県の地位協定ポータルサイトに掲載されている。https://www.pref.okinawa.lg.jp/site/chijiko/kichitai/sofa/documents/190411-1.pdf

米軍にもドイツの法令が適用されることを明記している。[▼2]

また、イタリアでは、基地ごとの基地使用協定の標準的モデルとして「基地使用についての実施手続に関するモデル取極（とりきめ）」が作成されているが、同モデル取極17条は、米軍の訓練行動もイタリアの法令を順守する義務があることを明記している。[▼3]

さらに、ベルギーでは、ベルギー憲法185条が、外国軍隊の活動は国内法令に基づくことが必要と定めている。[▼4]イギリスでも、駐留軍にも受け入れ国の法令が適用されることは当然の原則と解されている。[▼5]

ii

ところが日本政府は、このような国際法の常識的理解とは真逆の解釈を示している。

すなわち、外務省ホームページの「日米地位協定Q＆A」には、「米軍には日本の法律が適用されないのですか。」という問いに対して、「一般に、受入国の同意を得て当該受入国内にある外国軍隊及びその構成員等は、個別の取決めがない限り、軍隊の性質に鑑み、その滞在目的の範囲内で行う公務について、受入国の法令の執行や裁判権等から免除されると考えられています。すなわち、当該外国軍隊及びその構成員等の公務執行中の行為には、派遣国と受入国の間で個別の取決めがない限り、受入国の法令は適用されません。」との答えが記載されている。

ここでは原則と例外が逆転しており、日米地位協定には「米軍には日本の法令は適用されない」という規定は存在しないにもかかわらず、外務省は、「一般に駐留軍に受入国の法令は適用されない」としているのである。

▼2　ボン補足協定の日本語訳として、国会図書館のサイトに掲載されている本間浩氏の訳がある。https://dl.ndl.go.jp/view/download/digidepo_1000448_po_022101.pdf?contentNo=1

▼3　イタリアのモデル取極の日本語訳は、前記（▼1）沖縄県のポータルサイトに掲載されている。https://www.pref.okinawa.jp/site/chijiko/kichitai/sofa/documents/italy02.pdf

▼4　沖縄県編・前掲書（▼1）8頁

▼5　沖縄県編・前掲書（▼1）23～24頁

しかし、「一般に」などという漠然とした言葉を根拠にして、国家の主権に対する重大な例外を簡単に認めてよいはずはなく、このような日本政府の不当な態度が、基地周辺住民に種々の基地被害をもたらしている。

以下では、国内法の不適用問題のうち、検疫法と航空法に絞って説明する。

(2) 日本政府の解釈がもたらした弊害①――検疫法の不適用

i

地位協定には、米軍人等が日本に入国する場合に、日本の検疫手続きを受けないでよいとする規定はないが、「外国軍用艦船等に関する検疫法特例」という特別法が存在しており、日本側の検疫所長は米軍人等に対して調査や衛生措置をとることができず（検疫法27条が適用除外となる）、米軍の艦船や航空機に立ち入ることもできない（検疫法28条が適用除外となる）とされている。

しかし、ほんらい検疫は、国民の健康と安全に直結する国家の重要な役割であって、国家の主権行使の一形態であるから、外国からの入国者に対する検疫を免除するような事態はあってはならない。このことの危険性が露呈したのが、２０２０年に沖縄県で

◆米軍関係の航空機関連事故件数※

墜落	不時着	その他	計
47	518	144	709

◆米軍構成員等による犯罪検挙件数※

凶悪犯	粗暴犯	窃盗犯	知能犯	風俗犯	その他	計
576	1,067	2,939	237	71	1,029	5,919

◆米軍構成員等が第一当事者の交通事故発生状況※※

件数				死傷者数		
軍人	軍属	家族	計	死者	負傷者	計
2,623	406	584	3,613	82	4,024	4,106

※沖縄の本土復帰（1972 年）から 2016 年末まで
※※件数は 1981 年以降、死傷者数は 1990 年以降の累計（2016 年まで）

沖縄県発行『沖縄から伝えたい。米軍基地の話。Q&A　Book』より

起きた、新型コロナウィルスの米軍基地から国内への感染の事例であった。海外から在日米軍基地に入った米軍人から、日本人タクシー運転手が感染した事例が発生したのである。

　また、米軍基地内で働く基地従業員の多くは、感染症が拡大しているなかでも働き続けることを強いられており、大きな不安を抱えているという。

ii　検疫についての規定を持たない日米地位協定と異なり、ドイツのボン補足協定には、駐留軍もドイツ国内法による検疫手続きに服する旨の明文規定がある。[6] また、ドイツ側は随時基地内に立ち入ることもできる。[7]

　イタリアのモデル取極では、「明らかに健康または公衆の健康に危険を生ずる米国の行動」に対してはイタリアの司令官が介入でき、[8] 基地内外の安全確保の責任はイタリアの国内法に基づいてイタリア側が負い、そのためにイタリアの司令官は基地内に立ち入ることもできる。[9] 日米地位協定とほぼ同じ条文が多い韓米地位協定では、日米と同様に検疫の場合に特化した規定はないが、「疾病の管理及び予防、その他公衆保健、医療、衛生並びに獣医業務の調整に関する共同の関心事」については、合同委員会で解決することとする規定があり、[10] この点は日米と異なっている。実際、米軍基地での新型コロナウィルス感染状況に関する情報は、日本とは大きく異なり、韓国では詳細かつ迅速に米軍から韓国側に伝えられていた。

　これら諸国の例からも明らかなように、駐留軍にも受け入れ国の検疫手続きを課することはきわめて当然のことである。それは、検疫が国民の生命と健康を守るために必要な国家の主権

▼6　ボン補足協定54条1項

▼7　同協定の署名議定書53条4②(a)

▼8　イタリアモデル取極6条5項3文

▼9　同15条1〜3項

▼10　韓米地位協定26条

的行為であるからに他ならない。

(3) 日本政府の解釈がもたらした弊害②——航空法の不適用

i　地位協定には、米軍機の飛行について、日本の航空法の適用を排除する規定はないが、航空特例法により、米軍機の飛行には航空法の多くの規定が適用除外とされている。すなわち、危難発生時の地上等への危難防止義務（航空法75条）、不時着の制限（同法79条）、最低安全高度の設定（同法81条および航空法施行規則１７４条により、住宅密集地では３００ｍ、それ以外の場所では１５０ｍとされている）、衝突予防義務（同法83条）、編隊飛行の制限（同法84条）、粗暴操縦の禁止（同法85条）、曲技飛行の制限（同法91条）等の規定が適用除外とされている。

しかし、とりわけ、最低安全高度の規定が米軍機に適用されないことは、米軍機が日常的に住民の住宅地上空を低空飛行する事態を招いており、実際に、沖縄では最近でも米軍機の墜落事故が頻発している。２０１７年12月に普天間基地付近の保育園からＣＨ53Ｅヘリの部品と見られる落下物が発見され、さらにそのわずか２週間後には、やはり普天間基地に隣接する普天

⇐ 2017年12月7日、普天間飛行場近くの緑ケ丘保育園の屋根で見つかった米軍大型ヘリCH53Eの部品。直径7.5センチ、高さ9.5センチ、重さ213グラムの円筒形のプラスチック製。写真提供＝時事

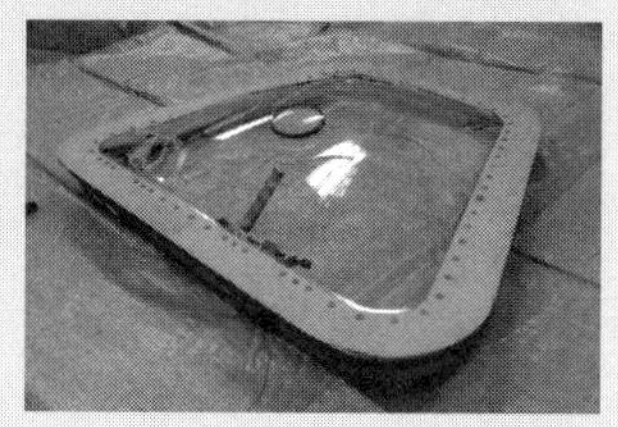

⇒ 2017年12月13日、普天間第二小学校の校庭に落下した重さ7.7キロ、約90センチ四方の米軍大型ヘリCH53Eの窓枠。写真提供＝時事

▶米軍ヘリの部品が発見された緑ヶ丘保育園には、米軍が「飛行中の機体から落下した可能性は低い」と落下を否定した後、「自作自演では」などと誹謗中傷する電話やメールが相次いだ。2018年2月13日、保育園父母会と園長は政府に対し、⑴ 原因究明と再発防止　⑵ 原因究明までの飛行禁止　⑶ 保育園上空の飛行禁止を求める陳情書と12万6907筆の署名を提出した。（編集部）

間第二小学校の校庭に、米軍ヘリの窓枠（約90センチ四方）が落下した。いずれも一歩間違えば、子どもたちの生命が奪われかねない事故であった。この事故以来、普天間第二小学校では、落下・墜落事故に備えた避難訓練を行うようになった。

宮森小学校米軍ジェット機墜落事件

▶ 1959年6月30日午前10時40分ごろ、嘉手納基地所属の米軍ジェット機・F100Dが制御不能に陥り、パイロットはパラシュートで脱出、機体は火を吹きながら100メートルに及んで民家35棟をなぎ倒し、宮森小学校（石川市＝現うるま市）に激突、炎上した。小学校には千人余りの児童がいたが、校舎とその周辺は火の海となり、子どもたちは火だるまとなって逃げまどったという。

死者18名（うち児童12名＝そのうちの1名は17年後に後遺症で死去）、負傷者212名（うち児童156名）にのぼり、沖縄の戦後史で最大の被害を出す大惨事となった。

米軍は当初、事故を「不可抗力」としていたが、1999年になって、機体が整備不良であったことが、琉球朝日放送が米軍から入手した資料によって判明した。

琉球政府立法院は事故当日に、米軍に対する抗議決議案を全会一致で決議した。（編集部）

写真提供― NPO法人 石川・宮森630会

ⅱ　また、米軍機に航空法の多くの規定が適用除外とされていることは、深刻な騒音被害の原因にもなっている。

これに対して、ドイツのボン補足協定は、前記のとおり、米軍基地にも直接ドイツの法令が適用されることを明らかにしている。そして、ドイツの航空法は、飛行場運営者に周辺自治体との間で騒音問題の協議機関を設置し、年1回以上協議するよう求めている。これを受けて、米軍基地についても騒音軽減委員会が設けられ、米軍関係者、地元自治体関係者、騒音の専門家などが騒音の軽減について協議する仕組みが設けられている。飛行回数などの情報も米軍から地元自治体に開示される。このような仕組みが騒音被害を抑制する大きな手段となっていることは疑いがない。

しかし日本では、このような情報提供お

第２次普天間爆音訴訟

▶米軍普天間飛行場（宜野湾市）の周辺住民3415人が、米軍機の飛行差し止めや、「普天間基地提供協定」の違憲確認などをもとめた裁判。2020年7月8日、最高裁は住民側の上告を退け、19年4月の福岡高裁那覇支部での判決が確定した。

高裁判決では、騒音被害について爆音の違法性を認め、国に約21億2千万円を賠償するよう命じたが、賠償額は1審判決から3億3800円減となり、第1次訴訟のときの賠償額よりも減額となった。

飛行差し止め請求については、「飛行場の管理権は日米安全保障条約や日米地位協定上、米側にあり、国が制限できる立場にない」と退けられた（「第三者行為論」）。

日米両政府による「普天間飛行場の提供協定」の違憲確認についての訴えも却下された。

住民側は第３次訴訟の提起を決めている。（編集部）

よび協議の仕組みはなく、深刻な爆音被害についても、住民や自治体が自ら飛行状況を調査するなど多大な負担を強いられている。

(4) 小括

以上から明らかなように、他国の地位協定にみられるように、日本の国内法令が米軍にも適用されることを明記する規定を地位協定に設けるべきである。

なお、ここでの「国内法」とは、国会で制定される法律だけを指すのではなく、日本における法規範の全体を指していることに留意されたい。すなわち、最高法規である憲法はいうまでもないが、自治体が制定する条例なども含まれる。

4 地位協定の問題点②——日米合同委員会

(1) 合同委員会の特徴①——万能機関性

i 地位協定25条1項は、米軍基地に関する「すべての事項」を協議できる、いわば万能の機関として日米合同委員会（Joint Committee）を設けている。

他方、ドイツの場合は、協議委員会（the Consultative Commission、ボン補足協定80A条）という機関が存在するが、これは万能の機関ではなく、地位協定の条項の解釈・適用について両国間で意見の相違が生じた場合に限定して設けられるものである。

また、混合委員会（Mixed Commissions）という機関もあるが（ボン補足協定30条）、これは、もっぱら米軍人等に対する受け入れ国の刑事裁判権に関する事項を協議する機関にすぎない。イタリアの場合、地域委員会（(Local Commitees、モデル取極19条）は、地域的な問題を検討するための機関と位置づけられており、やはり万能の機関ではない。

ii　日米地位協定が定める合同委員会は、本来、地位協定に定められた事項を具体的に実施するための実務上の取り決めをするための機関にすぎない。

ところが実際は、地位協定に書いていないことを、国会の関与もないまま定めたり、地位協定の明文に反するような運用が合同委員会で秘密裏に合意されたりすることが常態化しており、日本における万能かつ最高の意思決定機関と化している。このような現状を、かつて翁長雄志前沖縄県知事は「憲法の上に日米地位協定がある。国会の上に日米合同委員会がある」と表現した。

　このような合同委員会の存在は、立法権を国会に独占させ（憲法41条）、さらに、外国と交わす合意のうち少なくとも国民の権利・義務にかかわる事項（法律事項）については必ず国会の承認を要する（憲法73条3号）とした憲法の基本構造に背馳するものであって、立憲主義を損なうものというほかはない。

　もともと、「日米合同委員会の起源は、米軍の占領そのもの」であった（シュミッツ元米国務省法務官）。すなわち、日本の主権を否定する機能を有していたというのであるから、立憲主義に適合するはずなどないのである。

(2) 合同委員会の特徴②——閉鎖性

i 合同委員会の議事録は、原則非公開とすることが日米間で合意されており[11]、「密約製造マシーン」ともいわれている。

そのため、合同委員会合意のすべてを国民が知ることはそもそも不可能となっており、国民の知る権利が大きく制約されている。

ii 韓国の場合、合同委員会について定める韓米地位協定28条は、日米地位協定25条とほぼ同じ文言であるが、２０１７年11月、軍事機密などを除き、合意議事録を原則として公開するとの合意が韓米間で成立した[12]。

これは、たとえ地位協定の文言が同じであっても、受け入れ国の交渉力いかんによって異なった運用になることがよくわかる一例といえる。

iii 前述のとおり、米軍には日本の国内法令が原則として適用されないとされている結果、米軍が何らかの問題行動をとった場合でも日本側がそれを法的に規制できない、ということが、これまでしばしば起きている。有害物質が基地から漏出してもその詳細な情報がなかなか日本側に伝えられなかったり、基地の外に米軍機が墜落しても日本の警察が米兵に締め出されたり、

▼11　１９６０年６月23日第１回合同委員会議事録に「議事録は（日米）双方の同意がない限り公表されない」と明記されている。

▼12　ハンギョレ新聞、２０１７年11月22日付

ということはその一例である。

日本側による法的規制ができない結果、問題の処理は合同委員会という密室協議にゆだねられがちになる。すなわち、米軍への国内法の不適用という病理現象と、閉鎖的な合同委員会の存在は、両者が相まって、さまざまな基地被害の問題が主権者であるはずの国民の目が届かないところで処理されてしまうという帰結をもたらすのである。

5　おわりに――なぜ沖縄は地位協定改定を求めるのか

(1)　なぜ改定できないのか

i　これまで、地位協定が抱える問題点のごく一部について説明してきた。

これほどに不合理な地位協定の改定がいまだ全国的な国民運動になっていない理由の一つは、前記のとおり、地位協定の構造上、基地被害の処理が国民の目の届かないところで行われがちになるという地位協定の構造にある。

そして、もう一つ見逃せない理由として、本来は日本の主権に関わる重大問題であるはずの米軍基地問題が、日本政府によって意図的に「沖縄問題」へと矮小化されてしまったことの影響も大きい。

すなわち1950年代前半の時点では、沖縄よりもはるかに多くの米軍基地が本土に存在しており、それゆえに本土でも反米基地闘争が頻発した（有名な砂川事件も、そうした反米基地闘争の中で起きた事件である）。このような激しい反米基地闘争の矛先をかわすため、50年代を通じて、本土の米軍基地の多くが沖縄に移駐した。その一方で、日本の統治権が及ばなかった当時の沖縄では、「銃剣とブルドーザー」といわれる米軍の暴力的土地接収が続発し、沖縄の米軍基地面積は著しく拡大した。

そして、60年安保を経て、1972年に沖縄が返還されるまでのあいだに、本土と沖縄の米軍基地面積が逆転するに至り、日本全体の米軍機の7割以上が沖縄に集中する、という現在の状況が出来上

■米軍基地面積の推移

	本土	沖縄
1951 年（講和条約成立時）	1352	124
1960 年（安保条約改定時）	335	209
1972 年（沖縄の本土復帰時）	197	287
2017 年（現在）	78	186

（単位：㎢）

■日本本土と沖縄の米軍専用施設面積の割合の推移

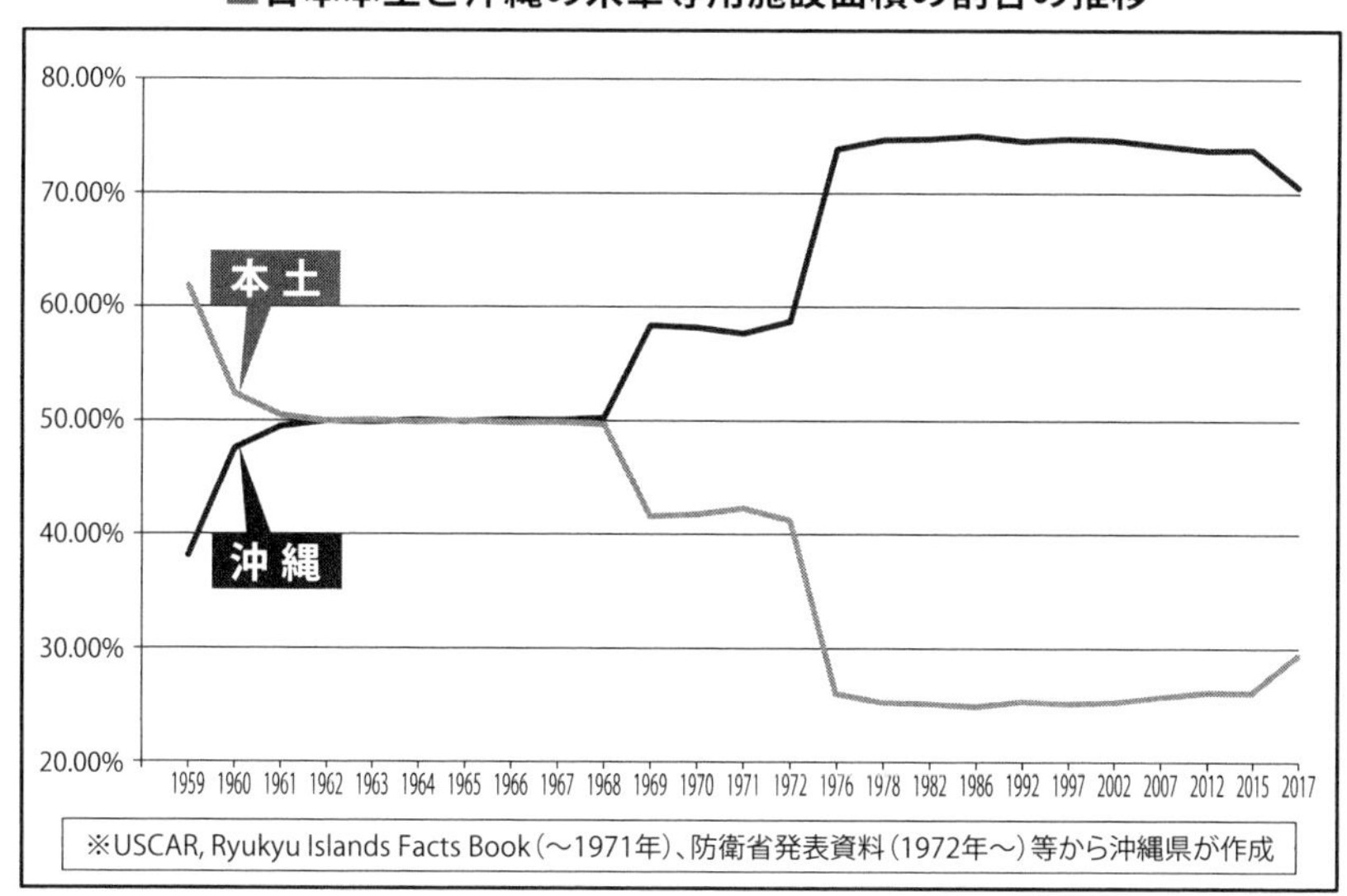

グラフ提供：沖縄県知事公室

がった。同時に米軍基地問題は沖縄の問題に矮小化され、本土の国民の関心も薄れていくことになった。

改めて、全国的な運動にしていくための知恵と工夫が求められている。

ii　なお、地位協定の改定を求めるためには、憲法9条がネックになる、という議論がなされることがある。これは、ドイツやイタリアなどアメリカの同盟国が、いずれも自国の軍隊を持っていることをとらえての指摘であろう。

しかしながら、例えば北欧のアイスランドは、ＮＡＴＯ加盟国であり、かつ、モスクワとワシントン双方からの最短距離にあり、地政学的に重要な位置にありながら、自国の軍隊を持っていない。しかも、１９５１年以降駐留していた米軍も２００６年に撤退したため、今やアイスランドには、駐留軍も自国軍も存在しないが、それでもＮＡＴＯ加盟国であり続けている。

このアイスランドの例からもわかるように、自国の軍隊を持つか否かは、地位協定の改定とは必ずしも直結しないのである。

(2)　なぜ沖縄は地位協定改定を求めるのか

これまで何度か触れたドイツでも、はじめからアメリカと対等の地位にあったわけではない。東西冷戦が終結し、東西ドイツの統一を果たすという世界史の流れのなかで、真に主権を回復することを目指して、アメリカと外交交渉を重ね、地位協定の改定を実現してきたのである。

いくつか例を挙げたボン補足協定の規定の多くは、１９９３年の改定のときに新たに加わった規定である。

韓国では、最初の地位協定は、朝鮮戦争勃発直後の時期に作られた簡単なもので、米軍の犯罪行為について韓国側の裁判権は一切及ばないとする規定のみであり、まさしく占領法規であった。しかし、その後の粘り強いアメリカとの外交交渉を経て、相当程度韓国側の立場が強化され、現在では、特に環境条項などについては日本よりも受け入れ国の立場が強化されている部分もある。

日本においても、日本政府が地位協定を改定しようとする明確な姿勢を米軍側に示すことは、米軍側の意識改革にもつながり、ひいては凶悪な米兵犯罪を少しでも減らすことが期待できる。とりわけ米軍基地と隣り合っての生活を強いられている沖縄県民にとって、この点はとても大切なことである。

基地負担軽減は本当か

新垣 毅

２０１９年９月、沖縄はじめ日本の運命を左右するような衝撃的な情報に出合った。米国が２年以内に、新型の中距離弾道ミサイルを北海道から沖縄までを対象に大量配備する計画があるというものだ。ロシア大統領府関係者が証言した。水面下の情報交換で米政府関係者から伝えられたという。

新型ミサイルは、核弾頭が搭載可能で、最低でも広島に投下された原爆級の威力がある。中短距離ミサイルはいったん打ち合えば、十数分で標的に到達するため迎撃が困難だ。あまりにも犠牲が大きすぎるため、１９８７年に当時のゴルバチョフソ連共産党書記長とレーガン米大統領の間で廃棄条約（ＩＮＦ廃棄条約）が締結された経緯がある。その条約が２０１９年８月２日に破棄された。

背景には、軍事的に台頭してきた中国を含む、いわゆる「新冷戦」と呼ばれる状況がある。新型ミサイルが日本に配備されれば、唯一の戦争被爆国が核戦争の最前線に置かれることになる。日本は核兵器を〈持たず、造らず、持ち込ませず〉という非核三原則を国是としている。このため米国は「核弾頭は搭載しない」と言って説得を試みるだろう。しかし米国は核兵器の所在を明らかにしない政策を取っているので、どこに持ち込んでも公表しない。

日米地位協定など現行の日米関係では、日本側は在日米軍施設に核兵器が持ち込まれても、査察や検証する意思もすべもない。北朝鮮や中国などと米国の間で緊張が高まれば、秘密裏に持ち込まれる可能性は拭えないし、それを検証すらできない。このため、いったん新型ミサイルが配備されたら、非核三原則は事実上、崩壊する。

配備先として米国が筆頭に挙げているのは、日本にある米軍専用施設の7割が集中する沖縄だと、ロシア大統領府関係者は強調した。

沖縄は1972年に日本へ復帰する前、米国の核が1300発も配備され、東西冷戦の最前線に置かれていた。新型ミサイルが配備されれば、当時の状況に逆戻りし、北朝鮮やロシア、中国などの核ミサイルが向けられ、有事が起これば、1945年の沖縄戦と比較にならない犠牲を強いられる恐れがある。

ロシア大統領府関係者の取材から数日後、モスクワでゴルバチョフ氏を取材した。INF廃棄条約を締結し、後に東西冷戦を終結へと導いた立役者だ。彼は新型ミサイルの日本や沖縄配備計画を知っていて警鐘を鳴らした上で「安全保障問題の解決の鍵は兵器ではなく、政治にある」と断じ、軍縮に舵を切るよう世界の指導者に促すメッセージを発した。

そんな彼にこんな質問をした。

「沖縄が日本に復帰した1972年以降、1989年に終結する冷戦時代から現在に至るまで、米国の核兵器が沖縄に存在するとの情報を把握していますか」

彼は明言を避けつつも、INF破棄条約を締結した際のレーガン元大統領の言葉を引用した。

「信用せよ、されど検証せよ」

すなわち在沖米軍基地への核査察の必要性を唱えたのだ。日本に対し、復帰後の沖縄の非核化への疑念を示唆したとも言える。

敵基地攻撃能力

このインタビュー以降、新型ミサイル配備の現実性が一気に高まった。

政府が地上配備型迎撃システム「イージス・アショア」計画を撤回し、それに代わるミサイル防衛論議を開始したのだ。最大の焦点

中距離核ミサイル「メースB」の発射基地（建設途中）
米軍はベトナム戦争ピーク時の1967年には、沖縄県内に約1300発もの核弾頭を配備していた。写真提供＝不屈館

は、敵基地攻撃能力を持つかどうか。この能力は、敵のミサイル発射拠点などを直接破壊できる兵器の保有を意味する。

自民党は保有推進派が大勢を占め、安倍晋三首相（当時。以下同）は前のめりである。安倍首相はアショア断念を「反転攻勢としたい。打撃力保有にシフトするしかない」と周囲に漏らした。外交と安保政策の包括的な指針である国家安全保障戦略を２０１３年12月の閣議決定以来、初めて改定する方向だ。２０２０年内の改定を目指すとした。

米国が目指す新型中距離ミサイルは、迎撃型のアショアとは異なる攻撃型のため、安倍首相が考える「打撃力」と一致する。米国の計画を呼び込むためにアショアを断念したと疑いたくなる。米国にとってはまさに「渡りに船」だ。

敵基地攻撃能力の保有を決めれば、日本の安全保障政策は大きく変わる。防衛政策の根幹である専守防衛の原則が形骸化するからだ。政府はこれまで保有は憲法上、許されるとしてきた。しかし9条をはじめとする憲法の理念から明らかに逸脱する。専守防衛は、アジア太平洋戦争で周辺諸国に多くの犠牲を強いた日本が過ちをくり返さないというメッセージにもなってきた。この姿勢を放棄することにもなる。

注意すべきはミサイル戦争をめぐる日米の運命共同体化である。日本が盾、米国が矛を担う従来の役割分担は、敵基地攻撃能力を保持すれば日本が矛に合流する。

米国のねらいは、中国包囲とロシアへの対抗だ。当然、それを知っている中ロは、核弾頭を搭載できる短・中距離ミサイルを、既存の米軍の施設や新型ミサイル施設に向ける。攻撃型ミサイルの配備は、日本列島が核戦争の最前線に置かれることを意味する。

先述したように、日本は在日米軍に対し核査察の意思や能力を欠いている。日本政府が米国の言葉を信じても中ロは信じない。日本は間違いなく標的にされる。

新冷戦下での敵基地攻撃能力保有は、「抑止力」や「防衛」の名の下で米核戦略の一翼を担うことを意味する。国民の命を米国の手の中に委ねるのと同義だ。米国の中ロ敵視政策に寄り添うのではなく、攻撃の必要性をなくすよう、火種を取り除く外交こそが日本に求められる。

沖縄の「負担」とは

しかし、残念ながら現在の日本の外交は「日米同盟」（対等な同盟ではないのでカギ括弧に入れている）至上主義に基づく対米従属・依存路線まっしぐらだ。「日米同盟」はもはや、太平洋戦争時の天皇制のように国体化したとの指摘もある。安倍首相が言う「価値観外交」の内実は「日米同盟」への忖度であって、自由や平等、民主主義と言った普遍的価値ではない。沖縄の現状を見れば鮮明だ。神様のようにあがめる「日米同盟」のためには、沖縄や多少の国民の命や人権の犠牲はやむをえないという政治的行為を実践している。

命や人権の保障を求め、その象徴として辺野古新基地建設断念を求める沖縄の民意の無視はその一つだ。他の章で論じるが、沖縄は１９５２年の対日講和条約締結時のように、またもや米国への「貢ぎ物」にされようとしている。

沖縄で起きている問題の本質は、基地の機能強化と永久固定化である。日米政府は「負担軽減」という美名の下で「辺野古が唯一」として、普天間飛行場の移設作業を進めているが、内実は新たなヘリ基地の開発だ。もう一つの永久固定化というのは、政府が基地を返還する際、ほとんどが、その代替施設を沖縄県内に造ることを条件とする。その代替施設は最新鋭の兵器やその備えができる機能を保持し、耐用年数が100年、150年ともいわれる。そんな機能の基地が新たにできれば、沖縄は半永久的に基地の島にされてしまう。

国土面積の0・6％に全国の米軍専用施設の7割が集中するという現状に対して沖縄側が「不公平」「差別」と言うなら、面積を減らしていきましょうというのが政府の方針である。しかし内実は基地の機能強化であり、永久固定化があることを沖縄県民は見抜いている。一方、この側面はなかなか本土では伝えられていない。

米軍普天間飛行場の辺野古移設問題はその象徴である。普天間飛行場は内陸に位置し、海岸には接していない。しかし辺野古は海岸を埋め立てて基地を造る。その際は最新鋭の強襲揚陸艦が接岸できる軍港も整備される計画だ。その上、普天間飛行場にはない弾薬庫が新たに辺野古に造られる。この弾薬庫が整備された場合、従来のキャンプ・シュワブの弾薬庫とともに弾薬貯蔵機能が高まることになる。明らかに機能強化である。

一方、政府は沖縄の負担軽減について、垂直離着陸輸送機MV22オスプレイなどの運用、空中給油機の運用、緊急時の航空機受け入れという三つの機能のうち、オスプレイなどの運用だけを移設するとして機能分散を強調する。だがオスプレイについて県民は県内配備撤回を強く

「辺野古新基地」建設計画図

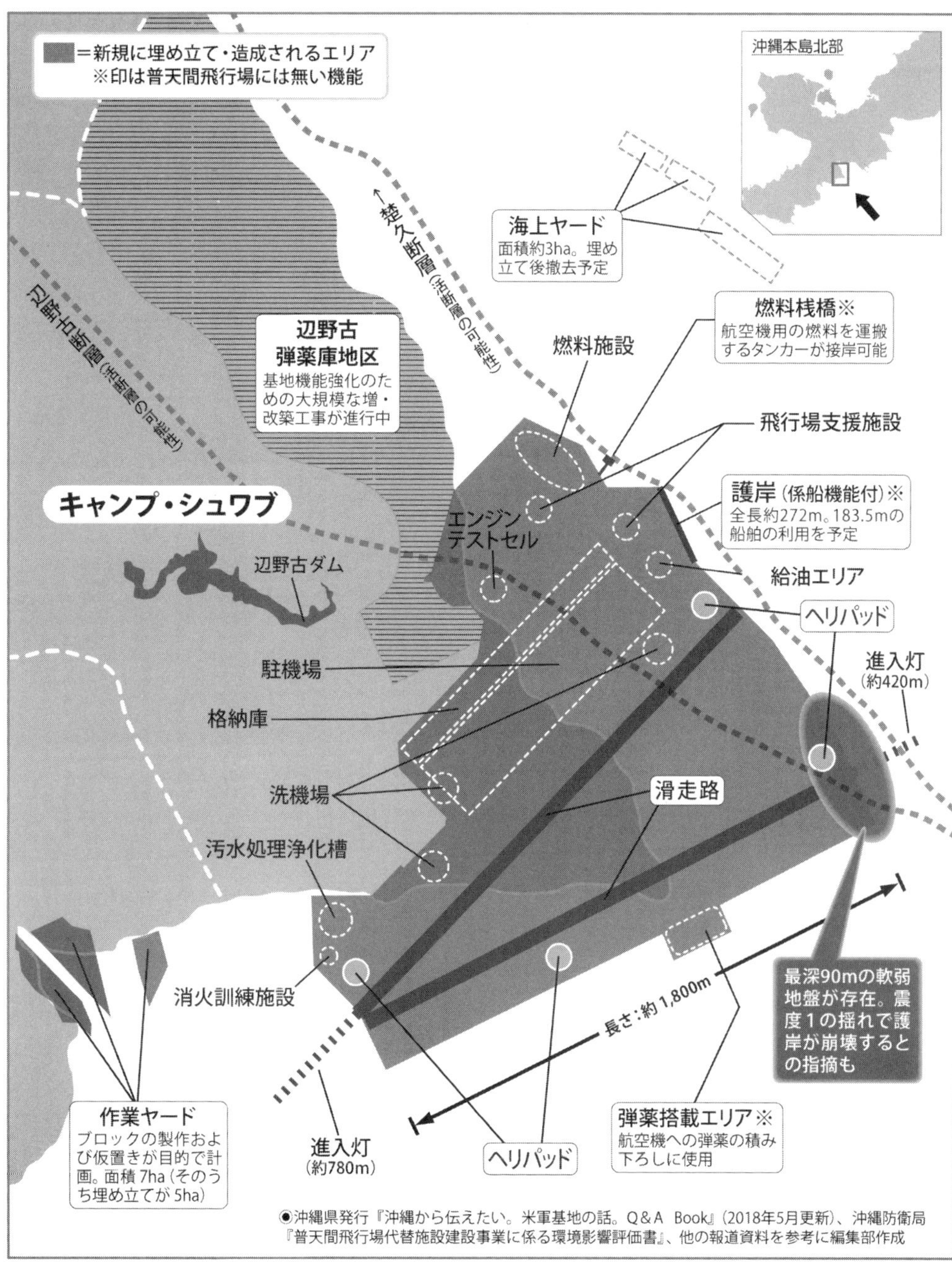

◉沖縄県発行『沖縄から伝えたい。米軍基地の話。Q&A Book』（2018年5月更新）、沖縄防衛局『普天間飛行場代替施設建設事業に係る環境影響評価書』、他の報道資料を参考に編集部作成

求めてきた。２０１２年の超党派県民大会、「オール沖縄」を誕生させた２０１３年の「建白書」などで配備撤回を訴えた。政府の言う「機能分散」は沖縄にとっては明らかに「負担軽減」ではないのである。

日米が１９７２年の沖縄の日本返還時に結んだ核密約には、有事の際に核を持ち込む場所として辺野古弾薬庫と嘉手納弾薬庫が明記されている。先述のように米国はどこに核兵器を配備しているかを明らかにしない政策を取っているため、国民や県民に知らせないまま、辺野古に核が持ち込まれる可能性があり、米中ロの核開発が激化すれば、その可能性は高まる。

これら新たに整備される軍港や弾薬庫施設を念頭に、地元紙など沖縄では辺野古の基地を「普天間飛行場の代替施設」と呼ばずに「辺野古新基地」と呼んでいる。

高江のヘリパッド

次に、これも本土で比較的話題になった東村高江（ひがしそんたかえ）のヘリパッド問題も機能強化と永久固定化をはらんでいる。沖縄本島北部には広大な米軍用の訓練場がある。日米政府はこの北部訓練場の北側半分約４千ヘクタールを２０１６年に返還した。しかし日米が返還に合意したのは１９９６年だ。なぜ合意したか。

これはベトナム戦争時に実戦を想定した訓練場、要するにジャングル戦争のための訓練場だ。今のテロ戦争を含めて、ジャングルにおいて戦争する機会は減っており、テロ対策はどちらかという都市を想定している。沖縄県の恩納村では都市型訓練施設があり、そこでは活発に訓練が実施されている。ベトナム戦争後、ほとんどの割合を使用しなくなったため、広くは必要ないとの判断で米側は返還に合意したのだ。

２０１３年に明らかになった米国の報告書には、北半分は「使用不可能地域」と書かれていた。政府が沖縄の負担軽減と言うのなら、米軍が「使用不可能」と言った時点、すなわち返還に合意した１９９６年時点で返すべきではないか。しかしずっと塩漬けにしてきた。この南半分にヘリパッドを造らないと返さないという条件があったからだ。これが高江におけるヘリパッド建設問題である。

ここには高江の村があり、住民約１００人が住んでいる。この集落を囲むように六つのヘリパットを造ることが条件だ。これができるまで返さないというのが政府のやり方で、なおかつオスプレイが離着陸できる仕様だったことが後に判明した。日本政府はずっとそれを隠し続け、米国に対する情報公開請求で明らかになった。このように県内に代替施設ができるまでは返さない。

２０１３年の米国の報告書にはこう書いてある。新しいヘリポート基地を開発するのだと。辺野古に新基地ができればオスプレイ基地になる。現在の普天間飛行場にある24機のオスプレイが配備されるので、これや伊江島補助飛行場などを含めると沖縄本島北部に一大ヘリポート基地群ができる。これが日米政府の思惑としてあることがわかった。米国は沖縄本島北部をヘリ基地として開発したいのだ。

基地の永久固定化

これらだけを見ても、日本政府の言う「負担軽減」とは施設面積の側面ばかりを強調し、内実は基地のリニューアル、すなわち老朽化した基地を最新鋭の兵器を使える戦争形態に合わせて変えることをねらっていることがわかる。沖縄の基地を半永久的に使う姿勢だ。それが基地を減らしたい沖縄にとっての「負担」の本質としてある。

そのなかで沖縄の基地負担の本質の重要な要素を占めているのが米海兵隊の存在だ。在沖米軍基地の面積でいえば約７割、兵力の約６割は海兵隊である。上記の普天間、辺野古、高江はすべて海兵隊の施設だ。海兵隊は米本国では「荒くれ者」といわれ、有事の際は真っ先に一線で戦う「殴り込み部隊」とされてきた。その部隊が沖縄に多く駐留していることも、沖縄に大きな負担を強いている。なぜなら、海兵隊は他の空軍、海軍、陸軍と比べても、沖縄県内で多くの事件を起こす傾向にあるからだ。これまでの女性に対する暴行や殺害事件も、現役か元海兵隊員が多い。

２０１６年にも、20歳の女性が元海兵隊員から性的暴行を受け殺害された事件が沖縄県内で起きている。１９４５年の沖縄戦当時から67年間で県内米兵のわいせつ事件を調べている団体によると、計約３５０件に上る。これは親告罪なので恐らく氷山の一角だと思われるが、発生場所ごとに地図に落とすと、基地のある市町村ではなく、人口の多い那覇市や沖縄市などの市部で起きていることがわかる。これは沖縄県内移設を条件とする「基地の県内たらい回し」では事件は減らず、問題は解決しないことを意味する。米兵はわざわざ都市部に赴き、事件を起こしているからだ。基地や兵力を抜本的に減らさない限り、県内の過疎地へ基地を移しても事件は減らない。

米軍基地で新型コロナウイルスの感染が拡大し、県民の健康を脅かす新たな基地負担も生じている。県民にとっての負担にしっかり向き合う政府の姿勢が沖縄の現状からは見えてこない。

「沖縄の負担」とは

沖縄の負担とは、基地機能が強化され、永久固定化されることにより、紛争や戦争などの有事の際は、「敵国」から絶えず標的にされ、直接戦争に巻き込まれるリスクとそれへの恐怖だ。世界各地の有事に米軍が赴く際は常に「戦場」と隣り合わせの生活を強いられる。

一方、平時の際は、事件事故、騒音などで人権が侵害されている事実がある。現在の日米政府の「負担軽減」策は、県民からはむしろ基地の機能強化・永久固定化に映っており、沖縄の本質的負担の解決にはならないと認識されている。だからこそ、政府・自民党政権に支援されている候補者は重要選挙でほぼ全敗する。

また、これら沖縄にとっての基地負担の本質についての報道は、在京メディア、ネットなどでは非常に弱いように感じる。

一方で「北朝鮮や中国が怖いから沖縄は我慢しなければいけない」という趣旨の言説がはびこっている。それが「日本の安全保障だ」「沖縄は地理的に優位だ」と。中国や北朝鮮と紛争が起きた時に「米軍というウルトラマンのような存在が日本を助けてくれる、そのウルトラマンの住居が沖縄だ」と日本国民の大半が考えているかもしれないが、果たしてそうだろうか。米国のあるシンクタンクは、中国に近い沖縄に米軍基地を集中させるのはよくない、ミサイル数発で正確に致命的打撃を受けるので沖縄以外に分散させた方がいい、と提言している。軍事戦略上、地理的に近すぎるという理由で沖縄への基地集中は得策ではないというのだ。

なぜ海兵隊は必要か

ではなぜ沖縄に米海兵隊を集中させているのか。それは日本政府側に意図が二つあると思う。一つは人質だ。日米のガイドラインによると、尖閣諸島の有事の際、最初に戦うのは自衛隊だ。その後米軍が参戦することになっている。米国を本気にさせるために米兵に血を流させることを考えていると思う。アメリカ国民は自国民の血が流れることに敏感だ。太平洋戦争時の真珠湾攻撃後の対応変化、ベトナム戦争時に若い兵士が犠牲になることを批判した反戦平和運動、9・11後の報復攻撃などを見ればわかる。そういう国なので、米兵に血を流させるということが米国を日本の戦争に引き込むアイテムだということを、日本政府はよく知っている。それもあってか、安倍首相はトランプ大統領に尖閣有事の際に、集団的自衛権を行使して日本を防衛する義務を負うその根拠とされている日米安保条約の第5条適用を約束させるのに、躍起となっていた。

普天間飛行場の辺野古移設合意時（1996年12月）に防衛庁長官を務めた久間章生元防衛相は2018年2月、琉球新報のインタビューに対し、普天間飛行場の辺野古移設計画を疑問視した。軍事技術の進展などから現状での基地の存在について疑問を呈したほか、在沖海兵隊の存在に異議を唱えながら「人質だと思えばいい。人質だと思えば気が軽い」などと語った。久間氏は軍事技術が向上しており、ミサイル防衛態勢の強化や無人攻撃機といった防衛装備品も進歩しているとして「辺野古でも普天間でもそういうところに基地がいるのか。いらないのか。そういう議論をしなくても安保は昔と違ってきている」と指摘した。その上で「あんな広い飛行場もいらない」と面積の大きい飛行場建設も疑問視している。

普天間飛行場移設をめぐっては、これまでも森本敏防衛相（当時）が2012年に「軍事的には沖縄でなくてもよいが、政治的に考えると沖縄が最適地だ」と述べるなど、閣僚からは地理的優位性ではなく「政治的な理由」で沖縄に基地を押しつける発言が展開されてきた。これまでの政府の態度を通観すると、政治的理由とは、「民意を無視できる地域」ということだろう。米軍基地のリスクを大多数の国民の目から遠ざける、本土から遠い離島であることも「政治的理由」とみられる。

日本政府が考える在沖海兵隊のもう一つの役割は、自衛隊への家庭教師だと思う。憲法9条を変えようという流れのなかで安保法制が成立した。要するに安倍政権に代表される自民党主流派は日本をイギリスやフランスなどのように海外で戦争できる「普通の国」にしたいのだろう。「日米同盟」強化の方針の下で、日米の軍事的一体化も進んでいる。そこには自衛隊を米兵と一緒に海外で戦争できる兵士に育て上げなければならないという考えがあるとみられる。

沖縄の米軍は、海域も含めて訓練地域が膨大にあるということも特徴の一つだ。環境基準など米本国ではクリアーできない訓練をわざわざ沖縄に来てやっている。そのなかで、海兵隊と自衛隊の合同演習が進められ、両者の関係は緊密化している。いざ日本の海外で米国が戦争する際、自衛隊を派遣させることをねらう米側にとっても好都合だ。

南西諸島への自衛隊配備

日米の軍事的一体化と自衛隊の配備強化が急速に進んでいるのが南西諸島だ。沖縄の基地負担は米軍基地だけではない。基地機能強化は、宮古島や与那国島、石垣島にも表れている。自衛隊のレーダーやミサイル部隊の配備が進行中だ。

その先島では自衛隊の「離島奪還作戦」の訓練が行われている。有事の際、島しょ部に侵攻された場合に奪還する作戦で、米軍との共同訓練も実施されている。先島には約10万人が暮らし、観光客も年々増加している。仮に標的とされ戦場となった場合、島の住民や観光客は守られるのだろうか。実際の島しょ奪還訓練の内容や公にされた防衛省内の検討資料などで重視されているのは、戦術的な部分で、住民保護の視点は抜け落ちているか、優先度は低い。「住民保護の一義的な責任は自治体で、自衛隊ではない」と打ち明ける現役自衛官もいる。

　元航空自衛官で南西諸島地域の陸自配備計画に反対するジャーナリストの小西誠氏は、現代の紛争や戦争には平時と有事の区別がない「シームレス」な性質があるとして、住民保護は困難だと指摘する。「近くの離島に避難させるか、島内のどこかに収容させるかのどちらかだが、海上封鎖されていれば輸送船は通れず、ミサイル部隊は移動しながら戦うので、島中が戦場になる」と話す。

　イージス・アショア配備撤回の理由は、住民の安全を確保するにはブースターの改良が必要だったことだ。宮古島に配備されるミサイルのブースターについて、地元に対する防衛省の説明はない。小西氏はこう語る。「宮古島で移動しながら撃つのはほとんど不可能に近い。衛星から見れば隠れるところもない。最初は住民に気をつけるだろうが、途中からは無視して、やむをえないとなるだろう」

沖縄の訴え

　沖縄の基地負担をめぐり、政府と沖縄の認識の隔たりは大きい。それを端的に表した証言がある。２０１５年12月、辺野古基地をめぐる政府と沖縄県との代執行訴訟で、故翁長雄志前知事が述べた意見陳述だ。少し長いが引用する。

〈平成27年４月に安倍総理大臣と会談した際に総理大臣が私におっしゃったのが、「普天間の代替施設を辺野古に造るけれども、その代わり嘉手納以南は着々と返す。またオスプレイも沖縄に配備しているけれども、何機かは本土の方で訓練をしているので、基地負担軽減を着々とやっている。だから理解をしていただけませんか」という話でした。それに対して私は総理大臣にこう申し上げました。「総理、普天間が辺野古に移って、そして嘉手納以南が返された場合に、いったい全体沖縄の基地はどれだけ減るのかご存じでしょうか」と。これは以前、当時の小野寺防衛大臣と私が話をして確認したのですが、普天間が辺野古に移って、嘉手納以南のキャンプキンザーや、那覇軍港、キャンプ瑞慶覧とかが返されてどれだけ減るかというと、今の米軍専用施設の73・8％から73・1％、0・7％しか減らない。では、0・7％しか減らないのはなぜかというと、普天間の辺野古移設を含め、その大部分が県内移設だからです〉

くり返すが、政府が言う「負担軽減」は基地面積ばかりを強調するが、内実は機能強化だ。しかしその面積でさえも、政府の計画通りすべて実現しても、沖縄への基地集中はわずか0・7％しか減らない。減らす分、最新鋭の施設を沖縄県内に移設することが、ことごとく条件とされるからだ。

沖縄の人びとにとって米軍基地の存在は、沖縄戦での犠牲と重なる。再び戦場になるのではという恐怖だ。例えて言えば、沖縄戦のトラウマ（心の傷）に刺さったナイフのようなものだ。傷に刺さったままなので、戦場の記憶を忘れたくても忘れさせない。米軍が海外で戦争し、沖縄から米兵が派遣され、戦場から帰還した米兵らが沖縄で荒れ狂い、事件事故を起こすたびに、沖縄戦の記憶が住民の心の傷に頭をもたげてくる。

沖縄の負担の本質とは、再び戦場になり、自身や家族、友人らが殺されることや、その恐怖なのだ。

普天間飛行場が辺野古に移るなどしても、負担が減るのはわずか0・7％ということは、心の傷に刺さる100本のナイフのうち、普天間飛行場というナイフを1本、無条件に返してくださいというささやかな願いである。この沖縄側の要望に対し、政府は「分かりました。ならばもっと大きな包丁（機能を強化した基地）を辺野古に刺しましょう。でないと普天間は刺さったままにします」と言っているのに等しいのだ。

日本国民の選択

沖縄はじめ日本列島に攻撃型である新型中距離ミサイルが配備されれば、有事の際は真っ先に標的にされるなど基地負担が飛躍的に増す。日本国民は米国の防波堤、あるいは「捨て石」を自ら選ぶのか。それとも、その犠牲をまたもや沖縄に押しつけるのか。

米国が日米安保条約上、「日本を守る」と言っていても一義的には米国の国益を守るのであって、米国から見れば日本はある種、ロシアや北朝鮮、中国によるミサイル攻撃から米本国を守る防波堤のようなものだ。

中国と尖閣諸島などをめぐって衝突が起きた場合、紛争や戦争を南西諸島で終わらせる「限定戦争」の戦略も日米にはある。日本の有事のリスクを沖縄に押しつけるならば、1945年の沖縄戦で本土決戦に向けた時間稼ぎのための「捨て石」にされた以上の犠牲を、また沖縄に負わせることを意味する。これは、日米が沖縄を国防の道具のように扱う植民地主義以外の何ものでもない。

日米は植民地主義と決別すべきだ。沖縄が植民地主義との対抗概念である自己決定権を求めるようになったのは、近い将来、戦場にされる危機感が背景にある。

汚された世界遺産候補地
北部訓練場返還地

宮城秋乃

国から国へ引き渡された返還地

沖縄島北部の国頭村と東村にまたがる米軍海兵隊施設・北部訓練場（正式名称：ジャングル戦闘訓練センター）のうち、過半の約４０００haが２０１６年12月22日、日本に返還された。返還の条件として東村高江と国頭村安波の訓練場内に六つのヘリパッドが建設された。日米両政府は返還日に式典を開催し、日本側から菅義偉官房長官（当時。以下、役職等の肩書はすべて当時のもの）、稲田朋美防衛相、仲井眞弘多前沖縄県知事、宮城久和国頭村村長、伊集盛久東村村長が、米側からケネディ駐日米大使、マルティネス在日米軍司令官、ニコルソン在沖縄米軍

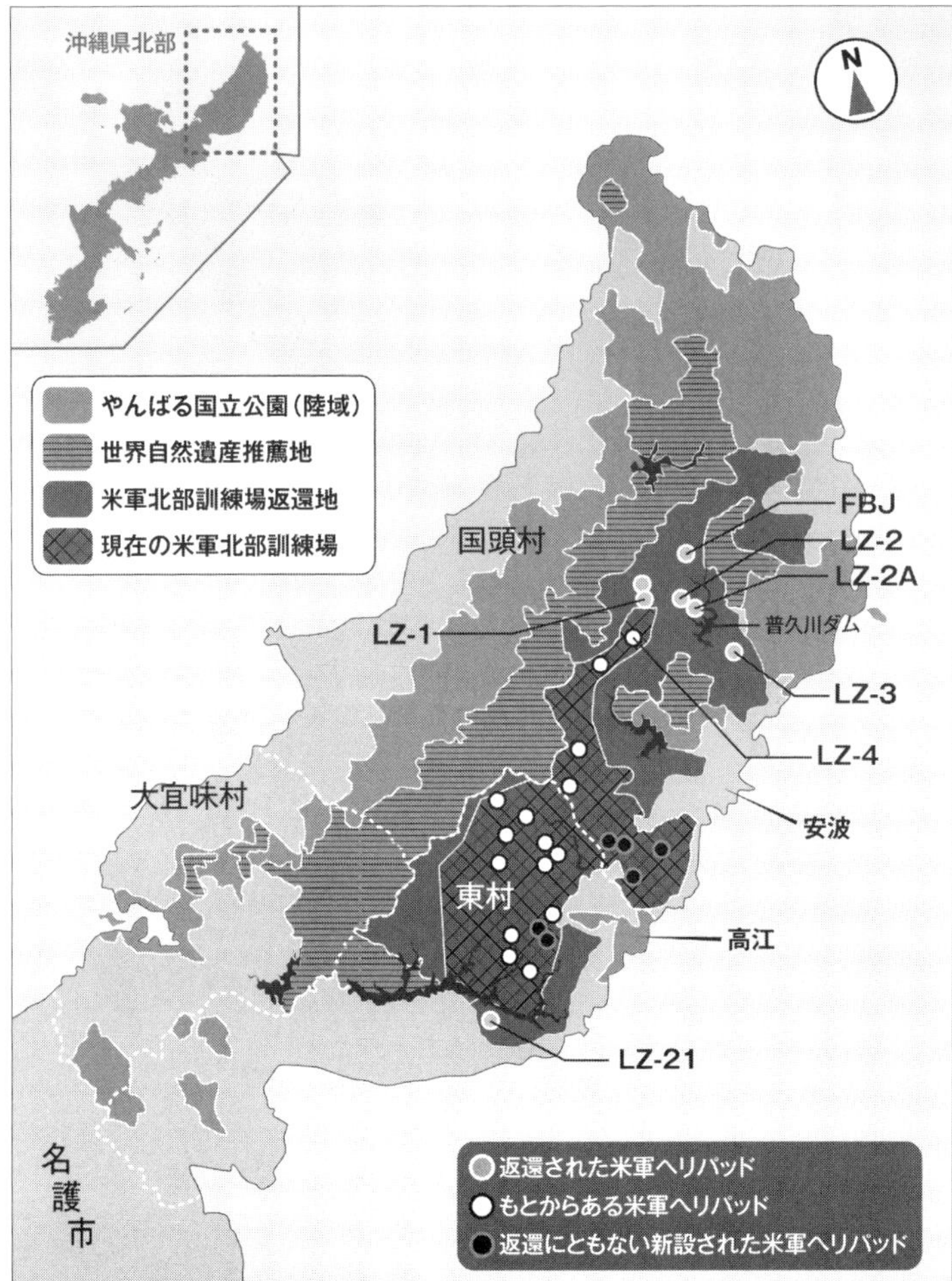

4軍調整官らが登壇した。式典の中止を求めていた翁長雄志県知事も招待されていたが欠席し、同月13日に名護市安部（あぶ）で起こったMV22オスプレイ墜落事故に対する抗議集会に参加した。菅官房長官は式典で、この返還が沖縄の基地負担軽減に大きく寄与すると強調し、国頭村や東村に対し、返還後の財政措置や地域振興策を確実に実施すると約束した。前日に行われた日米共同発表で安倍晋三総理大臣も同様のアピールをしている。

返還地は、防衛省沖縄防衛局が管理し、米軍基地跡地の汚染調査を定めた「沖縄県における駐留軍用地跡地の有効かつ適切な利用の推進に関する特別措置法」（以下、跡地利用特措法）に基づき、約3億円をかけて支障除去（廃棄物や化学物質による汚染の調査や除去）を行った。東京農工大学の細見正明教授の助言のもと、支障除去を行うのは、車両が通行していた道路、ヘリパッド跡とその周囲、ヘリが墜落した地点の約5 haに限定され、期間は1年足らずであった。

米国内の米軍基地跡地は10年あまりをかけて支障除去を行う。米軍基地跡地とは、それだけ時間をかけて支障除去を行わなければならないほど汚染されているということだが、１９５７年に接収され日本側が立ち入ることのできなかった広大な返還地で、範囲を限定し短期間で支障除去を終えることができると判断した根拠は不明である。

２０１７年12月25日、沖縄防衛局は「支障除去完了」を発表し、返還地を地権者に引き渡した。政府は国頭村で式典を開催し、小野寺五典防衛相、地元村長らが登壇した。翁長雄志県知事は別の公務を理由に欠席したが、県として環境部長が登壇した。防衛相はここでも沖縄の基地負担軽減を強調した。

返還地の地権者の約８割は林野庁沖縄森林管理署である。大部分が国から国への引き渡しとなり、問題があったとしても発覚しにくい。また、問題が見つかってもうやむやにされる可能性がある。

次々と見つかる廃棄物や化学物質

引き渡された日の２日後、国頭村安田（あだ）の返還地の地中から、未使用の訓練用砲弾１発を筆者は発見した。さらにその2日後に、同地の地上で未使用の同弾を発見した。他にも地上や地中で米軍のものとみられる使用済みの照明弾、空の弾薬箱、野戦食の袋、大型車両の部品など大量の廃棄物を確認した。同地を翌月半ばまで調査したあと、琉球新報と沖縄タイムスがその内容を報道した。２０１８年２月９日、内閣は同年１月31日に提出された糸数慶子参議院議員の質問主意書に対し、米軍が訓練弾を戦後の訓練に使用したものと認め、現場で回収したと答弁している。米軍廃棄物についての報道がされたあと、沖縄防衛局は地上の廃棄物を撤去したが、地中のものはまだ残っていることを筆者は確認している。

２０１８年５月、同地の数カ所の土を採取し、名桜大学の田代豊教授（環境科学）に分析していただいたところ、毒性が強く国内では１９７０年代から使用が禁止されている農薬のＤＤＴ類やＢＨＣ類が検出された。検出されたＤＤＴ類は土壌１kg当たり０・０６mgで、環境省の環境管理指針値（１kg当たり50mg）より濃度は低く、汚染が直接人に健康被害を与える可能性は低いとみられるが、ＤＤＴは分解しにくく、生物や生態系への影響が懸念される。ＢＨＣ類の検出濃度は０・００３mgであった。田代氏によれば、「殺虫剤として散布したのであればこのような数値は出ないため、不要になったものを廃棄したのではないか」とのことである。

跡地利用特措法では、ＤＤＴ類やＢＨＣ類は支障除去の対象外となっている。沖縄防衛局は琉球新報の取材に対し、「外部有識者による監修の

未使用訓練弾を撮影する警察官　返還地 2018.1.18

下で調査し、比較的良好な土壌・水質環境が保たれているという結果を得た」と回答している。しかし、この場所は車両が通行していた道路、ヘリパッド跡とその周囲、ヘリが墜落した地点には当てはまらないため支障除去は行われていない。環境調査団体インフォームド・パブリック・プロジェクトの河村雅美代表は、沖縄市のサッカー場（嘉手納基地跡地）や、返還が予定されている牧港補給地区（キャンプ・キンザー）周辺で行われた米軍遺棄物を念頭に置いた調査でもＤＤＴが検出されており、現在の法制度では対処できないことを指摘した。

沖縄防衛局が米軍に訓練場返還地の廃棄物の有無を確認した際、米軍は「処分も保管も行ったことはない」と回答したという。しかし、米軍が「廃棄物はない」とした過去の返還地でも汚染が見つかっており、米軍の隠蔽体質がうかがえる。県は２０１７年に「県米軍基地環境調査ガイドライン」を策定し、米軍基地返還地の調査項目を増やすべきと提案している。

ＤＤＴ類やＢＨＣ類が見つかったのと同じ場所に、ドラム缶が地上に上部を少し出した状態で縦に埋められていたのを筆者は発見した。後日、返還地内の他の場所（ＬＺ－１ヘリパッド跡付近、ＦＢＪヘリパッド跡付近）で同じ状態のドラム缶を二つ確認しており、意図的に埋められたものと思われる。最初に見つけたドラム缶のあった場所の土を田代氏が採取し分析したところ、ＰＣＢが検出された。ドラム缶があった場所の周囲の土からは検出されなかったため、ドラム缶に入っていたものに含まれていたと考えられる。調査では溶媒を使い、土壌１kg当たり０・０３mgを検出した。環境基準で定める検出方法ではないため環境基準値との単純な比較はできないが、ＰＣＢは自然に分解しにくく、生物や生態系への影響が懸念される。ドラム缶

PCB が出た場所のドラム缶　返還地 2017.12.29

は沖縄防衛局が撤去し、撤去後の穴を土で埋めていたが、掘り返したところ、ドラム缶の底部はまだ地中に残されていた。ＰＣＢ廃棄物については「ポリ塩化ビフェニル廃棄物の適正な処理の推進に関する特別措置法」が制定されている。今回のドラム缶からの検出は通常の産業廃棄物として処分できる濃度であったが、分析しなければわからなかったことだ。他の米軍廃棄物も汚染されている可能性があり、沖縄防衛局が汚染物質の付着した可能性のある廃棄物をどのように処理したのか、また、今後どのように処理するのか、追及が必要である。

　ＤＤＴ類やＢＨＣ類、ＰＣＢが見つかった場所には、国頭村の普久川（ふんがわ）ダムに流れ込む沢が流れている。このときの調査では、その沢底から採取した砂から化学物質は検出されなかったが、過去に汚染物質が流れ出た可能性は考えられる。沖縄本島全域の飲料可能な水の約８割が本島北部のダムから送水されている。２００７年には東村の福地（ふくじ）ダムの貯水域から

フンガー湖上を旋回する２機のCH53Eヘリ　2020.1.23

大量の米軍の弾薬が確認された。２０１３年８月５日には宜野座村のキャンプ・ハンセン内に米軍ＨＨ60ヘリが墜落し、現場から鉛やヒ素が検出されたため、近くにある大川ダムからの取水を１年間止めたことがある。

米軍機は、本島北部東側の複数のダムの上で頻繁に低空で飛行している。ダム湖上で方向転換を行うことが多く、森の多い北部で、ダムは上空から見てわかりやすい目印となっていると考えられる。返還地内にある普久川ダムのダム湖であるフンガー湖の上を低空で米軍ヘリが旋回しているのを筆者は確認しているが、この場所は森の奥にあり市民による監視が難しい。同じく米軍機が湖上で訓練を行っている東村の新川ダムや国頭村の安波ダムと違い、普久川ダムはダム湖が管理事務所から遠く、カメラを設置するなどして積極的に監視しなければ、部品落下や墜落などの事故が起こった際に問題の発覚が遅れたり隠蔽されたりする可能性がある。

沖縄本島のダムの水は在沖米軍も利用する。水質汚染が起きた際、沖縄県民の生活や健康に悪影響が出る可能性があるが、米兵は数年で異動し影響を受けにくいため、水質汚染を気に留めていないと思われる。軍事廃棄物や化学薬品の廃棄、米軍機の事故など、米軍の軍事活動で今後も土壌や水質が新たに汚染される可能性がある。

ＰＣＢが検出されたことを受けて、県は２０１９年３月23日、沖縄防衛局に対し、ＰＣＢが検出された地点に残っている廃棄物や土壌汚染について調査するよう要請書を提出した。調査への県職員の同行や速やかな結果報告も求めた。県は北部訓練場返還時に、返還後に廃棄物が見つかった場合は国が調査して対策するようにと意見を出していたが、２０１８年１月に返還地で廃棄物が見つかったことを地元２紙が報じたあとの動きとしては、これが初めてである。翌月、県は私と田代氏に、これまでに見つかったドラム缶の位置や現場の廃棄物の状況について聞き取りを行ったが、２０２０年12月まで、現場への案内は依頼されていない。

この場所には、やんばると西表島の固有亜種であり、環境省レッドリストで準絶滅危惧種に指定されているリュウキュウウラボシシジミが生息している。このチョウは清流の流れる自然度の高い場所にしか生息しない。

交尾するリュウキュウウラボシシジミ　返還地 2019.10.16

自然豊かで希少生物の分布する地域に、廃棄物や化学薬品が廃棄されていたのである。

軍事機能強化のための返還

２０１８年夏、筆者は北部訓練場返還地内にあるヘリパッド跡とその周辺の調査を開始した。ＦＢＪ、ＬＺ－１、ＬＺ－２、ＬＺ－２Ａ、ＬＺ－３、ＬＺ－21、の各ヘリパッド跡の離着陸面上には、空や不発の銃弾空包が落ちていた。周囲の茂みの地上や地中では、未使用品を含む大量の銃弾空包が見つかった。使用済みの照明弾や煙幕手榴弾も多く見つかり、未使用品が見つかることもあった。不発と未使用の銃弾空包だけで２０２０年８月までに約２５００発が見つかっている。これらの場所では他に、使用済みの弾薬類、弾倉や弾薬箱、バッテリー、衣類や装具、食料品の袋や容器、タイヤ、オイル缶、鉄筋入りのコンクリートの瓦礫、地面に打たれた鉄の杭、有刺鉄線などが大量に確認されている。地中には大量の野戦食の袋が埋もれているが、それらは劣化していて掘り出そうとすると粉々になるものもあり、完全に取り除くことが難しい。廃棄物由来の人工的な物質が土壌に混じることによって生じる生態系への影響が懸念される。ヘリパッ

未使用の銃弾空包 90 発　FBJ ヘリパッド跡 2019.2.6

ド跡とその周囲は支障除去が行われたはずの場所だが、林内を少し歩いただけでたくさんの廃棄物が嫌でも目に入り、見落としというレベルではない。

ＦＢＪヘリパッド跡の周囲の茂みには、ヘリパッド造成などに使用されたライナープレート（大型の鉄板）、土嚢やゴムシートが大量に地中に残っており、それらは劣化していて、すでに崩壊している場所や、これから崩れそうな場所が多く見られる。離着陸面の凹凸（おうとつ）も激しくヘリの着陸には不向きとなっている。高江と安波の新設ヘリパッドは、返還された地域にあった七つのヘリパッドの移設という建前で建設されたが、元のものと違いすべてがオスプレイも使用できる大きさで造られた。現場を歩けば、訓練場の過半の返還は沖縄の負担軽減のためではなく、土地が疲弊して使えなくなったので、軍事機能強化も兼ねて新しいヘリパッドを米軍が欲しかったのだとわかる。高江や安波のヘリパッドもいずれは劣化する。このまま訓練場が長期存続すれば、修繕や移設を建前に軍事機能がさらに拡大

未使用の煙幕手榴弾　FBJ
ヘリパッド跡 2020.1.28

未使用パラシュート照明弾　返還地 2019.1.31

崩壊した整地用の土嚢　FBJ ヘリパッド跡周辺　2019.1.31

ヘリパッド造成用のライナープレート　FBJ ヘリパッド跡　2019.3.11

離着陸訓練を行う 2 機のオスプレイ　N1 ヘリパッド　2020.5.13

される可能性がある。

ライナープレートの撤去事業

北部訓練場返還地を地権者に引き渡したあとに米軍由来の汚染が見つかった場合、沖縄防衛局が原状回復の義務を負うという協定を、沖縄森林管理署と沖縄防衛局とが締結していたことがわかった（琉球新報、２０１９年3月９日、清水柚里記者の取材による）。しかしこれはあくまで「協定」であって法律ではないので、「原状回復の義務」が履行される保証は必ずしもない。引き渡し後に見つかった汚染の扱いについて現時点では法の定めがなく、無法状態となっている。

協定では、沖縄防衛局はライナープレートを付近の植生調査を行ったあと適切な時期に撤去するとしていた。沖縄防衛局管理部と、跡地の調査を委託された「いであ株式会社」が作成した「北部訓練場（29）過半返還に伴う廃棄物等調査報告書」（２０１７年12月）にも同様の記述があり、沖縄防衛局がライナープレートの存在を把握していたことがわかる。この地域を世界自然遺産候補地に推している環境省は、協定の存在を把握しておらず、引き渡し後に見つかった米軍廃棄物は沖縄防衛局が処理すると聞いている、とするだけで、それが何に基づいて行われているのかを知らなかった。

環境省は、支障除去が完了していない物的証拠が出てきたにもかかわらず、沖縄防衛局の支障除去完了発表を受けて、２０１８年6月に返還地の約９割をやんばる国立公園に編入した。

支障除去完了の発表や国立公園への編入を急いだのは、この地域の世界遺産登録を急ぐためだと思われる。沖縄防衛局が米軍廃棄物が残っていることを把握していたのは明らかだが、それでも完了を発表したのは、深い森の奥なので廃棄物が残っていることを市民に知られるはずはないとタカをくっていたからだと思われる。ばれたとしても何十年か先の話だろうと考えていたのかもしれない。

廃棄物や土壌汚染の問題を解決せず、自然を保護できていない状態で国立公園に指定したり世界遺産登録を目指したりすることは、本来の国立公園や世界遺産の目的と矛盾する。国立公園や世界遺産になったことで、観光に訪れた人が危険物に触れて健康を害する可能性もある。この状態で遺産登録が認められれば、米軍基地があったおかげで、やんばるの森は県による開発や森林施業などの自然破壊から守られた、という言説がこれまで以上に流布すると思われる。軍事基地の配置と自然保護は両立しないという事実が隠されてしまう。

２０１９年秋、沖縄防衛局は「北部訓練場返還跡地における植生回復状況調査等業務」という名称で、1億6，720万円をかけてライナープレートの撤去・搬出業務を開始したが、履行期限の翌年3月末になってもほとんどの鉄板は撤去されなかった。そこで、期限を9月末まで延長し、委託業者との契約金を8千万円増額した。沖縄防衛局は琉球新報の取材に対し撤去が遅れた理由として、「国立公園特別保護地区に指定され、自然公園法に基づく土地の形状変更などの協議に時間を要したため」と回答している。増額分は「鉄板搬出や植生回復のモニタリングの際、自然環境保全にかかるフォローアップ業務に充てる」としている。

２０２０年10月25日、大部分のライナープレートが撤去されているのを筆者は確認した。同年７月６日には変化が見られなかったので、それ以降に作業を行ったのだろう。このように短期で撤去が可能なのであれば、なぜ最初の履行期間に行えなかったのか。この鉄板撤去事業が支障除去のときと違うのは、この事業の進行や契約金額について注視している人が全国にいるということである。一部のライナープレートはまだ残っており、今後も引き続き注視が必要である。

現訓練場内の軍事廃棄物

２０１８年９月、筆者は現北部訓練場ＬＺ－４ヘリパッドで、布に包まれて廃棄されていた未使用の銃弾空包約１３０発と、離着陸面に散乱した空や不発の銃弾空包約１７０発を確認した。使用済みの煙幕手榴弾やケミカルライト、弾倉、野戦食の袋なども見つかった。訓練場の他の場所では、新古の野戦食の袋が大量に散乱しており、銃弾空包の空薬きょうや使用済み照明弾、地中に埋もれたバッテリーなどの廃棄物が見つかった。訓練場返還地の米軍廃棄物の問題が報道されるようになったあとに廃棄された大量の銃弾空包、数発の使用済みの煙幕手榴弾や閃光弾も確認している。訓練場内には接収前に地元の人によって使われていた炭焼窯の跡や御嶽（うたき）（沖縄で神を祀る聖地）が残っている。その周囲にもゴミが廃棄され、たこつ

現北部訓練場内に最近捨てられた使用済み煙幕手榴弾等
2020.3.29

ぼ（小規模の塹壕）など訓練を行った形跡も確認できた。地元の人の生活の痕跡や神聖な場所であっても、米軍は配慮なく軍事訓練を行ったりゴミを廃棄したりしている。基地がある限り、廃棄物の廃棄や土壌汚染は増え続ける。

未使用の銃弾空包や再利用できる弾薬箱・弾倉が訓練場や返還地から大量に見つかるので、自衛隊と違い、米軍は銃弾空包を気軽に大量消費していることがわかる。戦時でなくても、基地がありそこで訓練が行われるだけで、大量の弾薬が消費され、それが米国の銃社会を支えていることに気づいている日本人は少ない。

回収されずに森に残る不発弾

２０１９年9月までは、不発弾は県警が現場で回収後、名護署に持ち帰り、それを沖縄防衛局が引きとっていた。県警は廃棄物が遺棄されている状況を把握しているが、それでも高江や辺野古で基地の設置に加担する行動をとっている。

２０１９年10月から、県警は返還地で見つかった不発弾の現場確認や回収を行わなくなった。発見者である筆者が県警へ通報し、県警から土地の管理者である沖縄森林管理署へ連絡し、その後、沖縄防衛局が回収するとのことである。ＲＢＣ（琉球放送）の取材に対し沖縄防衛局は、発見者から通報があれば回収すると答えている。しかし、２０１９年10月以降に警察に通報した数百発の不発弾について、筆者は森林管理署や沖縄防衛局から場所の確認などの問い合わせを受けたことはなく、２０２０年12月現在まで現場に残されたままとなっている。警察に通報する際は毎回、警察から森林管理署に連絡するということを確認している。森林管理署が沖縄防衛局への連絡を怠っているのか、連絡があったにもかかわらず沖縄防衛局が対応を怠っているのか、は不明である。森林管理署や沖縄防衛局は、通報に対応すると自ら不発弾の存在を認めてしまうことになると考えているのだろうか。

県警は返還地で不発弾を回収しない理由として、跡地利用特措法第２章が引き渡し後も適用されるからとしているが、同章は返還地の支障除去を地権者に引き渡す前に講ずるという内容であり、引き渡し後の廃棄物や不発弾の取り扱いについては触れていない。警察が米軍の尻拭いをしなくなったことで、世界遺産候補地に不発弾が残る。大量の不発弾の存在を知りながら撤去が行われない状態では、世界遺産登録が困難なことは容易に予測できる。

米軍の清掃活動とゴミの廃棄

日米地位協定第４条により、米軍は返還地の原状回復義務を免除されているので、米軍の廃棄した廃棄物の処理は、日本が税金で行うことになっている。沖縄では過去に何度も米軍による廃棄物遺棄や土壌・水質汚染が報じられているが、米兵らはビーチや市街地など市民に見える場所で清掃活動をし、その様子をＳＮＳでこまめに発信するという宣撫工作を行うので、国民の多くは米軍が沖縄をきれいにしてくれていると勘違いし、米軍が沖縄の土地を汚しているという事実を見逃していると思う。

国頭村安波の、訓練場に近いタナガームグイという滝壺は観光地として知られていたが、遊泳中の事故が多発したため、２０１７年に立ち入りが禁止された。しかし、その後も時々、Ｙナンバー車（米軍関係者の私用車）が入口前に停まっており、米軍関係者とみられる若者グループや家族連れを見かける。滝壺の周囲には英字のみ印刷された食料品の袋や容器が多数散乱している。米軍関係者の遊び場となっていて市民の目が届きにくい場所では、基地内でなくても米軍関係者によりゴミが廃棄されている。このことから、基地内や返還地で見つかる野戦食の袋などの廃棄は、必ずしもゴミを回収する余裕がないほど米軍が必死の訓練をしているからというわけではなく、米軍のゴミの廃棄に対する意識の問題から生じるのではないかと推測できる。この場所には米軍関係者によるものと思われるゴミよりはだいぶ少ないが、日本人によるものと思われるゴミも捨てられており、米軍だけでなく観光客、県民、ともに気をつけるべき問題である。

返還後も訓練に使用している可能性と警察の捜査の限界

訓練場返還地は、返還後も空域は縮小されず米軍に提供されたままであり、上空を米軍機が低空で頻繁に旋回している。

２０１９年９月４日14時半頃、ＦＢＪヘリパッド跡に向かう登山道に筆者がいるとき、普天間基地所属のＵＨ１Ｙヘリが上空を低空で旋回しはじめた。15時頃、離着陸の音が聞こえたので急いで離着陸面に向かうと、ヘリが２度目と思われる着陸を行っていた。着陸後、米兵がヘリのドアから身を乗り出して私を確認し、すぐに離陸し去った。この日のうちにテレビやインターネットで報道され、翌日、県庁で岩屋毅防衛相は、「米軍に照会したところ、現在使用できるヘリパッドと誤認したという説明があった」と玉城デニー知事に伝えた。しかし、ヘリは凹凸の激しい広い離着陸面のなかでわざわざクッションとなる狭い草地を選んで着陸していた。正副２人の操縦士が揃って誤認し、２回も着陸するとは考えにくい。本当に誤認であったならば、そのようなミスを起こす操縦士の操縦する機体が、県民や生き物たちの頭上を飛行している状態は大変危険だ。しかも米軍の説明が沖縄防衛局を通じて県に伝わったのが翌日夕方というのは鈍い対応といえる。

ＦＢＪヘリパッド跡周辺は、やんばる国立公園で特別保護地区に指定されている。特別保護地区では、「非常災害のため必要な応急措置」の場合は航空機の着陸が認められているが、着陸から14日以内に環境省に届け出る必要がある。それ以外は環境省の事前許可が必要だが、環境省沖縄奄美自然環境事務所によれば、米軍から事前の許可申請は

UH1Y ヘリ　FBJ ヘリパッド跡着陸 2019.9.4

なかったとのことだ。同事務所は琉球新報の取材に対し、「正確な着陸地点と状況を米軍に確認しており、事実関係が確定しなければコメントできない」としているが、筆者に問い合わせれば一発でわかることであり、そうでなくても公開された映像で状況を知ることはできる。2020年12月現在、この件で環境省から筆者への問い合わせはない。県警は数名で現場へ出向き、着陸痕を確認したという。しかし、それ以外の捜査は行っていないようだ。誤認であったとしても、航空法違反の疑いで本来なら捜査できるはずである。米軍にも航空法は適用されているが、離着陸する場所などの安全規定を定めた航空法第6章は、航空法特例法（日米地位協定の実施に伴う航空法の特例に関する法律）第3項によって米軍には適用されていない。

同月24日に同地で2機の米軍MH60ヘリが着陸を試みようとする場面を、銃弾空包回収中の名護署員とともに目撃し撮影した。ヘリは離着陸面に人がいることに気づいて急に右に方向転換した。その時刻を署員が記録した。UH1Yヘリの着陸で問題になったばかりなのに、また同じことをくり返そうとしていたのである。

同月28日、LZ－1ヘリパッド跡の付近で、返還後に廃棄された

MH60ヘリ　FBJ ヘリパッド跡 2019.9.24

米軍の野戦食の袋約30組と、新品の未使用銃弾空包を確認した。野戦食の袋は返還地でよく見かける旧型ではなく現行のＭＲＥレーションで、袋の中にソースなどが残っており腐敗臭もあったため、使用されてから数日以内であることがわかる。野戦食の袋以外にも、英字のみ印字された菓子の袋や噛みタバコの容器、排泄に使用されたウェットティッシュとその外装も落ちていた。樹木にはオリーブ色のロープがくくられていた。空包は土や落ち葉に埋もれることなくすべて地表に散乱しており、素材の真鍮が酸化しておらず金色で、口の防水塗料も残っていることから新品であることがわかる。返還地で見つかる銃弾空包と同じ形であるため、米軍のものと判断できる。これらは7月26日に同地にＲＢＣの記者ととも

発見時の野戦食の袋　LZ-1 ヘリパッド跡付近 2019.9.28

散乱した新品の銃弾空包　LZ-1 ヘリパッド跡周辺 2019.9.28

に訪れた際にはなかったので、それ以降に廃棄されたものだということがわかる。沖縄防衛局も、返還後の支障除去の際に現場の様子を確認しているはずである。翌日、名護署員と空包を拾い集め、数えると３４２発あった。空包は県警が回収し、野戦食の袋は後日、沖縄防衛局が回収した。野戦食の袋は官給品だが流出が多く一般の人も手に入れることができる。しかし、未使用の銃弾空包は一般には流通しないため、米軍が廃棄したものである可能性が高い。この場所は薮を漕いでいく場所であって、一般の人が行くような場所ではない。米軍が訓練を行い廃棄したか、米兵が不当に所持し私的な時間に廃棄した可能性が考えられる。大量の野戦食の袋は、他の場所で食べたものをわざわざここに持ってきて捨てるとは考えにくいので、現場で食べて捨てたのだろうと思われる。廃棄されていた場所は、離着陸面ではなく周囲の茂みの奥であり、私的な時間にわざわざそこに行くのは考えにくい。沖縄森林管理署が返還地にしかけているカメラには、米軍は写っていなかったという。この場所へは、カメラに写らずにたどり着けるルートが他にもあるので、そこから入った可能性がある。

翌月1日にも、同地で見落としていた13発を確認した。県警は、返還後に廃棄されたものかどうか判断できないため、今の状態では捜査を行うことはできない、状況が変われば法律に基づき捜査するとのことだが、米軍は返還後に返還地を使用したことを認めず、空包が米軍のものかどうかに

空包を回収にきた名護署員　LZ-1ヘリパッド跡付近
2019.9.29

ついて回答しなかったため、それを捜査しないことには状況が変わることはほぼない。２０２０年12月現在までに捜査が行われている様子はない。

「日本国の当局は、所在地のいかんを問わず米軍の財産について、捜索、差し押さえ、または検証を行う権利を行使しない」（日米合同委員会公式議事録１９５３年9月29日）という密約が１９５３年の日米合同委員会で合意されている。米軍の財産について、どんな場所でも、日本の警察が捜査、証拠の差し押さえ、現場検証ができないのである。返還後に廃棄されたことが断定できなくても、可能性がある以上は捜査するべきだ。もしも米軍以外の何者かが廃棄した可能性が高いと見られる状況であれば、県警は捜査していたのではないだろうか。

13発の空包を警察に回収させても証拠品として扱われず、通常の不発弾回収と同じように沖縄防衛局に引き渡される可能性がある。そうであるなら、やすやすと証拠品を渡すわけにはいかないので、２０２０年12月現在も現場に隠してある。

米軍基地は返還後も問題を残す

２０２０年8月、１９９３年に返還された高江の北部訓練場跡地の調査を始めた。使用済みの弾薬やバッテリーや食料品の容器など大量の米軍廃棄物が遺棄されているのを確認できた。同年10月には地中に埋もれた未使用と不発を含む銃弾空包１７０発を発見し、県警が回収した。同年７月には環境省関係者が発見した手榴弾を陸上自衛隊が回収しているが、その情報は市民に公開されていない。廃棄物の遺棄された現場付近には環境省によりマングース防除用罠が複数設置されており、環境省は廃棄物の存在を知っていたと思われるが、公表されてこなかった。

１９９５年に施行された「沖縄県における駐留軍用地の返還に伴う特別措置に関する法律」（軍転特措法）は、跡地利用の促進や土地所有者への補償が主な目的であり、残された汚染に関する取り決めは不十分であった。２０１２年、同法が改正され跡地利用特措法が施行されたが、２０１２年以前に返還された場所から新たに見つかった汚染には対応していない。

返還されて27年経っても、そこに軍事廃棄物が残されているのに市民は気づけなかった。

北部訓練場返還地以外の米軍基地跡地を見てもわかるとおり、一度軍事基地を設置してしまうと土地は汚される。しかも、市民が気づかなければ問題とならず、返還後も生物や生態系に悪影響を与え続ける。

軍事基地の設置と自然保護は両立しない。これだけで基地設置を許してはいけない十分な理由になる。政府と米軍はやんばるの深い森の奥に真実を葬ろうとした。市民は知ろうとする努力を怠らず真実を掘り起こし、平和な森をやんばるの生き物たちに返していかなければならない。

【追記】

２０２０年10月25日、ＦＢＪヘリパッド跡の周囲の茂みの中で、筆者は19個の電子部品を発見した。部品に書かれていた文字を頼りに調べたところ、放射性同位元素コバルト60を使用したマイクロ波通信機器の部品（電子管）であることがわかった。ＦＢＪヘリパッド跡では、現在、沖縄防衛局によりライナープレートを撤去する事業が行われている。事業を委託された業者によって地面が70～80センチほど掘り下げられた場所に、上部に防水シートがかけられた状態で、高さ50センチ、直径30センチほどの円柱状の錆びた缶が横向きに置かれており、その周りはコンクリートで固められていた。缶は中が見える状態で、強い油臭を放っており、その中に電子管が入っていた。

琉球大学の棚原朗教授（放射化学）の測定により、実際に電子管にコバルト60が含まれていることがわかった。また、名桜大学・田代豊教授の分析により、電子管と一緒に入っていた紙や布のようなものにＰＣＢが含まれていることもわかった。どちらも微量で人体や生態系に影響はないとのことだが、国内では保管や廃棄には法による規定がある。

沖縄防衛局によると、ライナープレートを撤去するために地面を掘ったところ、コンクリートの塊が見つかり、破壊すると缶が入っていたという。通信機器からわざわざ取り外したものをまとめて缶に入れ、さらにコンクリートで覆っていることから、米軍は部品の危険性を認識していたと思われる。しかし、自然界には存在しない危険物質を含むこの部品を、森に廃棄した。コンクリートに覆われた缶は、筆者が発見した日から少なくとも12月13日まで手を付けられていない。現場に19個の部品が残されていたにもかかわらず、沖縄防衛局は確認できた内容物は撤去したとしている。

放射性物質が遺棄されたままの世界遺産候補地。米軍基地を置くとは、こういうことなのだ。（２０２０年12月20日）

＊本稿内の写真はすべて筆者撮影

コバルト 60 が検出された電子部品（右）。コンクリートで固められた錆びた缶（左）の中に入っていた。FBJ ヘリパッド跡付近 2020.10.25

沖縄に対する差別と適正手続き
憲法の視点から

木村草太

はじめに

基地の建設は、地域社会や地方公共団体の運営に多大な影響を与える。だとすれば、沖縄県という自治体の意見にせよ、沖縄県民の声にせよ、本来は、それを十分にくみ取る公的手続きがなくてはならない。しかし、現実は、それらの手続きが十分にとられたとはいえず、計画に県民の意思が強く反映しているとも言いがたい。

このようななか、米軍基地問題について、沖縄の声を発信する基金として「辺野古基金」が設立された。その設立趣旨[▼1]は、次のように述べる。

▼1　辺野古基金設立趣旨2015年5月13日　http://henokofund.okinawa/about（最終閲覧2019年11月19日）

私たちは、沖縄の声を国内外に発信すると同時に、日本国内の新聞をはじめ米国紙への意見広告、県内移設を断念させる運動（活動）の前進を図るために物心両面からの支援を行い、沖縄の未来を拓くことを目的として「辺野古基金」を設立しました。

辺野古基金の立ち上げは、公的な意見表明手続きの不足を示しているのではないか。本稿では、米軍普天間飛行場の辺野古移設問題を、公共性のある手続きの有無という観点から検討したい。また、その原因についても、検討をしてみたい。

一　沖縄の歴史——琉球王国から辺野古問題へ

1　沖縄の歴史

まず、辺野古移設問題の背景を理解するため、沖縄の概要と歴史を簡単に整理する。沖縄県は、160の島からなる。面積は2,281㎢で、香川・大阪・東京に次いで4番目に小さい。他方、人口は1,448,101人（2018年10月1日現在推計）で、全国25位である。[2]

▼2　沖縄県「おきなわのすがた（県勢概要）」令和元年8月より。

▼3　赤嶺守『琉球王国』講談社選書メチエ、2004年、19頁

▼4　統一王国成立前、沖縄本島には、山北・中山・山南の「三山」と呼ばれる三勢力があったとされる。ただし、三山と言っても、それぞれが安定した王朝を築いていたわけではなかった。通説は、明実録の記載に依拠し、中山王尚巴志が、山北・山南両勢力を滅ぼし、1429年に統一琉球王国を築いたとする（高良倉吉『琉球王国』岩波新書、1993年、48―54頁など参照）。これに対しては、統一は1422年とする見解もある（和田久徳『琉球王国の形成』榕樹書林、2006年、9―35頁参照）。

沖縄本島・周辺諸島に人類が住みはじめたのは、およそ3万2000年前と言われている。政治権力が発展してきたのは12世紀頃のことで、グスクと呼ばれる城・砦が沖縄各地に建設された。この時期、沖縄は、朝鮮半島・日本列島・中国大陸の交易拠点として、経済的にも大きな発展を遂げた[3]。15世紀に、首里城を中心とする勢力が、沖縄全体を統治する琉球王国を築いた[4]。琉球は、明と朝貢関係を結ぶ一方、薩摩からもさまざまな要求を受ける関係にあった。1609年には、薩摩軍による琉球侵攻・首里城占拠を受け、江戸幕府・薩摩藩に従属する。他方、清との朝貢関係も継続し、中国・日本に二重に従属することとなった[5]。琉球王国の枠組みは江戸時代にも維持され、江戸幕府の支配を受ける日本本土の藩に比して強い独立性を保った。独自の文化もあり、伝承されてきた神話体系[6]も記紀神話と異なる。

沖縄が日本に組み込まれたのは、近代に入ってからである。明治政府は、1872年に「沖縄藩」を設置し、1879年には「沖縄県」へと改組した。琉球王国は滅亡し、沖縄は、大日本帝国の支配するところとなった。この一連の措置を「琉球処分」という。

1945年4月から6月にかけて、沖縄戦が行われた。日本軍の敗北により、沖縄は米軍占領下に入る。1952年4月28日のサンフランシスコ講和条約で、日本本土のGHQ占領は終結するが、沖縄の占領は継続し、米軍は「琉球政府」を設置した。沖縄からすれば、本土に切り捨てられた形となるため、沖縄では、「4月28日」が「屈辱の日」と呼ばれることがある。沖縄が日本に返還されるのは、1972年5月15日である。

▼5　薩摩にとって、先進国清と深い関係を結ぶ琉球は貴重だった。薩摩があからさまに支配すれば、清・琉球関係が切断され、薩摩の利益を害する。このため、薩摩は、多数の藩士を琉球に常駐させる直接支配はできず、琉球王国に一定の自治を認めざるをえなかった（ゴレゴリー・スミッツ〔渡辺美季訳〕『琉球王国の自画像』ぺりかん社、2011年、56頁参照）。

▼6　琉球王府の最初の歴史書『中山世鑑』（1650年）では、アマミク（アマミキヨ）という神が地上に降り立ち、天上から持ってきた土石草木で沖縄の島を創造したとされる。沖縄の神話はバリエーションがあり、降り立った神を女神アマミキヨと男神シネリキヨの二柱とするものもある。また、沖縄には、伝統的に、①神々の住むニライ・カナ

このように、沖縄は、いわゆる日本本土と政治的・経済的な交流を持ちつつも、異なる歴史や文化を持つ地域だった。本土との交流は時に服従を求められる原因となり、異なる歴史・文化は時に差別の要因となってきた。

2　米軍基地集中の経緯

次に、沖縄に米軍基地が集中した経緯を整理する。

１９４５年の沖縄戦中から、米軍は沖縄各地を軍用地として利用した。当初の基地設置の目的は、言うまでもなく、大日本帝国との戦争である。太平洋戦争終結後には、在沖米軍基地は対日監視の拠点と位置づけられた。しかし、朝鮮戦争勃発と米ソ冷戦の激化によって、対ソ日本防衛や世界戦略のための部隊と位置づけられるようになる。▼7

もっとも、当初から沖縄に米軍基地が集中していたわけではない。ＧＨＱ占領期は、面積比で本土９割・沖縄１割程度だった。しかし、１９５０年代、主権を回復した本土で、反米軍基地運動が活発になった。石川県での内灘闘争（１９５２年〜）や、東京都の砂川闘争▼8（１９５５年〜）などが代表例である。これを受け、本土から米軍基地の撤退が進み、一部は沖縄に移設された。１９５６年には、岐阜・山梨・静岡に駐留していた第3海兵師団（今日の海兵隊）が沖縄に移転した。当時の沖縄は米軍占領下で、反対運動の抑圧は、日本本土に比べ容易だったのである。

１９６０〜70年代には、本土での米軍基地の縮小がさらに進む。「国土面積の０・６％

イ（東海の向こうか地下とされる）とオボツカグラ（天上）があるとの他界信仰、②女性に霊力を体現するというオナリ（姉妹）神信仰、③御嶽という聖地への信仰が重なって存在している。霊能力者ユタへの信仰は、②オナリ神信仰に基づくもので、ユタの多くは女性である（上里隆史・富山義則『琉球古道』河出書房新社、２０１２年、第一章参照）。

▼7　池宮城陽子『沖縄米軍基地と日米安保』（東京大学出版会、２０１８年）２１３―２１４頁は、憲法9条・日米安保を併存させる吉田茂の政治路線の帰結として、日本が沖縄防衛の責任を負担できず、サンフランシスコ講和条約の時点で、沖縄の米軍基地問題の解消を先送りせざるをえない状況が生まれたと指摘する。

▼8　１９５7年7月8日、

にすぎない沖縄県に、70%の米軍基地が集中する」という状況は、このころに出来上がったものである。[9]

3 普天間飛行場の辺野古移設問題

続いて、米軍普天間飛行場の辺野古移設問題の経緯を確認する。

沖縄県には、複数の米軍基地がある。沖縄県民は、基地負担の軽減を求め続けてきたが、特に要望が強かったのが、宜野湾市の海兵隊普天間飛行場の返還だった。普天間飛行場の面積は約4・8㎢で、宜野湾市（面積19・8㎢）のかなりの部分を占める。飛行場周辺には、住宅や学校などがあり、事故への懸念も大きい。実際、普天間飛行場所属のヘリコプターや飛行機の事故は何度も起きている。[10]

1995年、米軍人による少女暴行事件が発生し、沖縄では強い反基地運動が起こった。こうしたなか、1996年、橋本龍太郎首相は、アメリカ政府と普天間飛行場の返還に合意した。この合意は、代替施設を建設して基地を移設することを条件としており、移設先に選ばれたのが、沖縄県名護市だった。

移設負担を県内で引き受けるのでは、沖縄県の負担軽減にはならない。県外移設を求める県民世論は根強く、具体的な計画はなかなか進展しなかった。事態が動き始めたのは、2005年である。10月29日、日米安全保障協議委員会は、「キャンプ・シュワブの海岸線の区域とこれに近接する大浦湾の水域を結ぶL字型に普天間代替施設を設置す

この闘争の中で、運動員の一部が米軍基地に立ち入り、日米安保刑事特別法に基づき起訴された。これが、砂川事件である。最高裁は、安保条約の違憲は「一見極めて明白であるとは、到底認められない」として、条約とそれに基づく刑事特別法を合憲とした（最大判昭和34年12月16日刑集13巻13号3225頁）。

▼9 木村司『知る沖縄』朝日新聞出版、2015年、62－65頁参照。

▼10 沖縄県知事公室基地対策課『沖縄の米軍基地（平成25年3月）』（2013年）228頁参照。例えば、2001年には市内の住宅にパイロット用バッグが落下、02年には飛行場内に燃料タンクが墜落している。また、04年には、沖縄国際大学にヘリコプターが墜落する事故が起きた。

る」と合意した。これを踏まえ、２００６年5月30日、小泉純一郎内閣は、「普天間飛行場のキャンプ・シュワブへの移設」を明記した閣議決定を行った。

２００９年の衆院選で政権交代すると、鳩山由紀夫民主党内閣は、「最低でも県外」をスローガンに計画見直しを検討した。しかし、２０１０年5月28日、鳩山内閣は、県外移設を断念し、「日米両国政府は、普天間飛行場を早期に移設・返還するために、代

沖国大米軍ヘリ墜落事件

2004年8月13日、米軍普天間飛行場所属の大型輸送ヘリCH53Dが、飛行場の南側に隣接する沖縄国際大学（宜野湾市）の構内に墜落・炎上した。米軍は直後から墜落現場周辺を封鎖し、同大学学長や宜野湾市長の立ち入りも規制した。沖縄県警は合同での現場検証を求めたが、現場に入れたのは事故から６日後で、すでに機体や現場周辺の土壌などは米軍によって回収されていた。（編集部）　写真提供＝宜野湾市

替の施設をキャンプ・シュワブ辺野古崎地区及びこれに隣接する水域に設置することとし、必要な作業を進めていく」とする閣議決定を行った。[11]

政府は、普天間飛行場の辺野古移設を既定路線とするかのようだが、沖縄県民の辺野古埋め立て反対の声はおさまらず、反対運動が続いている。

二 公共性の概念——差別の排除

1 公共性の概念

結論から述べれば、以上のような経緯を見ると、普天間飛行場の辺野古移設を決定した手続きには、公共性が不足している。また、そもそも、沖縄への米軍基地の集中自体も、公共性のある手続きの下で実現したものとは言いがたい。ここに、辺野古問題の核心がある。

ここで、公共性ある手続きとは何かを検討しておこう。まず、公共性の概念を整理したい。「公共 public」は、「共同 common」と区別される。共同とは、共通の価値や性質を持つ者のあいだでのみ意義を持つことを意味する。例えば、学会は、特定の学問を志す者のみが参加する共同体であり、教会は、特定の信仰を持つ者のみが参加する共同体である。これに対し、公共とは、すべての人に開かれていることを意味する。[12]

▼11 以上の資料は、防衛省のHPにまとめられている。https://www.mod.go.jp/approach/zaibeigun/saihen/sintyoku.html 参照（最終閲覧２０１９年12月6日）。

▼12 公共と共同を理解するには、建築家の山本理顕氏の議論が示唆的である。通常、我々が住む住宅は、「公共空間―（玄関）―共有空間―個室」というダイアグラムで作られている。ここでは、個人は共同体を介さない限り公共空間にアクセスできず、個人は中間団体から解放されない。これに対し、山本理顕『新編住居論』（平凡社、２００４年）47頁は、「公共空間（それぞれの玄関）―個室―共有空間（リビングや中庭など）」というダイアグラムを示す。この住宅では、個人がそれぞれ公共空間への経路を確保する一方、共同体は

近代国家とは、個々人の価値観や信仰、人種や身体の状態を問わず、支配領域にある国民すべてを包摂するプロジェクトである。価値も性質も多様な国民からなる国家をつくるのだから、共同性ではなく、公共性を標榜する必要がある。[13]

近代国家は公共性を標榜するものであるから、その憲法は、公共性を損なう要因を国家の決定手続きから排除しようとする。例えば、宗教は、それを信仰する者の間でしか意味を持たない。国家の資源が特定の信仰の満足に使われたり、国家の決定手続きから、特定の信仰を持つ／たない者を排除したりすれば、公共性が害される。国家の公共性が、宗教により脅かされないようにするのが、憲法の政教分離規定（20条3項、1項後段、89条）の目的の一つとされる。[14]

公共性を損なう重大な要因に、差別が挙げられる。差別とは、特定の人間類型に向けられた嫌悪感や蔑視感情、およびそれに基づく行動を意味する。差別は、差別感情を共有するゆがんだ共同体内部でしか価値を持たない。差別がまぎれこめば、被差別者が排除され、「すべての人に開かれた」という意味での公共性は維持できないだろう。このため、憲法14条1項後段は、国家による差別を禁じている。[15]

決定手続きが差別によりゆがめられると、差別を受ける被害者が決定から排除されたり、十分な意見表明の機会を与えられなくなったりする。それは公共的な手続きとは言えない。

個人の結びつきで作られる。

▼13　樋口陽一教授は、近代国家を、「共同」概念に基づく中間集団から個人を解放し、公共性を担う国家と個人が向き合う構造のプロジェクトだと論じてきた。同『近代憲法学における論理と価値』（日本評論社、1994年）171頁では、これに基づく近代憲法の理論を「人権の主体が国家権力の担い手でなく自然人＝個人であり、より特定的にいえば、団体＝法人ではなく自然人＝個人であり、統治機構運用の主体として想定されるのも、〈地域〉や〈職能〉や〈利益〉ではなく諸個人なのだ」と鋭利に整理する。また、樋口教授は、この箇所で、日本の諸判決が、この論理をあまりに簡単に棚上げすることを指摘し、強く批判している。

２ 米軍基地集中の公共性

１９６０～70年代の沖縄への米軍基地集中のプロセスは、明らかに差別的だった。米軍基地は、日米両政府の意思により設置されたが、占領下の沖縄県民は、日本の国家意思形成に参加できず、アメリカの一州として遇されたわけでもなかった。日米いずれの国家の決定からも排除されていたのである。

明治以降、本土の住民には、沖縄の住民や出身者を差別する者が少なくなかった。[16] １９５０～60年代の日本国民に、「沖縄県民を排除してはならない」という規範意識があれば、「国会議員を選ぶことすらできない沖縄に、基地を移設するのは正しくない」と判断しただろう。あるいは、占領下でも、米国と協力して、沖縄県民の意思を十分に反映できる手続きを設けようとしたはずではないか。しかし、当時の日本国は、沖縄県民が決定プロセスから排除されているにもかかわらず、基地集中を止めなかった。

２０１７年、沖縄の地元紙が、「基地集中は沖縄差別」と思うか否かを問う県民意識調査を実施した。それによれば、実際に基地移設の時期を体験した60代以上の県民の７割以上が「その通りだ」と答えている。[17]

では、現在において、基地集中の放置は、沖縄差別なのか。

まず、現在の沖縄は、他の都道府県と対等の一県であり、国会議員の議席も配分されている。沖縄出身者が賃貸住宅を借りられない、といった社会的差別が横行しているわ

▼14 長谷部恭男『憲法（第７版）』（新世社、２０１８年）１９９頁は、政教分離の根拠の一つとして「宗教を基本的に非合理的なものとして否定的に捉え、理性的な討議と決定の場としての政治の領域から可能な限り排除すべきだとの共和主義の立場がある」とする。

▼15 こうした解釈については、木村草太『平等なき平等条項論』（東京大学出版会、２００８年）および同「表現内容規制と平等条項 自由権から〈差別されない権利〉へ」（『ジュリスト』１４００号、２０１０年）参照。

▼16 この点は、太田昌秀『新版 醜い日本人』（岩波現代文庫、２０００年）、特に第一章参照。

▼17 「米軍基地の集中、若い世代ほど『沖縄差別とは思わず』県民意識調査」沖縄タイムス、２０１７年5月12日

けでもない。先ほど示した世論調査では、沖縄でも、若い世代ほど、基地集中を沖縄差別と感じない者が多いことが明らかになっている。[18]他方で、しばしば表明される沖縄への差別的言動[19]を見ると、沖縄差別が根強く残っていることは否定しがたく、[20]差別が基地問題の解決を遠ざける原因となっている可能性が高い。

また、差別により生じた負担を放置すること自体が、差別の継続と言える。差別意識が希薄である原因は、「客観的に見て差別でないから」ではなく、１９６０〜70年代のプロセスへの無知・無関心に起因すると理解すべきだろう。「７割が沖縄に集中」という結果だけでなく、「本土での反基地運動の結果、意思決定に参加できなかった沖縄に基地が移設された」というプロセスにも理解を深める必要がある。[21]

以上を踏まえ、辺野古移設手続きに公共性を備えさせる方法を考えてみたい。

三　閣議決定と住民投票――中央と地方の相剋

１　閣議決定による基地設置の決定

米軍普天間飛行場の辺野古移設は、国内手続き的には、内閣の閣議決定により決定されている。もちろん、閣議決定前には地元自治体との調整が行われ、首相指名の国会には沖縄選出の議員もいる。市民がデモ行進をしたり、メディアで意見を述べたりする自

▼18　前註の調査では、沖縄差別と思う割合は、18〜29歳で26％、30代で47％となっている。

▼19　例えば、２０１３年１月27日、東京での、沖縄米軍基地へのオスプレイの配備撤回を求める抗議運動・デモ行進に対する罵倒が挙げられる。このデモ行進は、沖縄県内の38市町村長（代理含む）、41市町村議会議長、29県議が参加する大規模なものだったが、街頭から「売国奴」、「沖縄は出て行け」などと罵声を浴びせられたという（https://www.okinawatimes.co.jp/articles/-/28883 参照（２０１９年12月７日最終閲覧））。翁長雄志氏は、この時、那覇市長として先頭に立ち、罵声を受けた。この体験が、県知事に立候補し、辺野古移設反対を訴えるきっかけの一つになったとされる。ま

由もある。しかし、沖縄県民が、閣議決定に対して、公式に意見を述べたり異議を申し立てたりする手続きはほとんどない。これは、地方の意思の排除であり、差別的な手続きだと評価されてもやむをえないだろう。[22]

　では、この差別を是正するために、憲法は何を求めているのか。筆者は、次のような憲法解釈を提唱してきた。[23]

　まず、憲法92条は、「地方公共団体の組織及び運営に関する事項」を法律事項としている。米軍基地の設置場所では、日米地位協定により、立地自治体の自治権は大幅に制限されることになるが、自治権制限の範囲は、この「地方公共団体の組織及び運営に関する事項」に該当するだろう。そうすると、米軍基地の設置には、立地自治体の制限の範囲を定めた法律が必要である。また、基地の設置場所は、国政の重要事項であり、それ自体、法律事項[24]と解すべきである。だとすれば、辺野古新基地建設には、「辺野古基地設置法」のような法律の制定が必要である。

　ところで、この法律は、沖縄県および名護市という特定自治体の自治権を制限する内容を含むから、「一の地方公共団体のみに適用される特別法」（憲法95条）の性質を有している。従って、その成立には、沖縄県と名護市での住民投票での承認が必要である。

　「辺野古基地設置法」のような法律の制定を要求すれば、国会全体で設置の是非や地元の納得を得るための条件を検討しなければならなくなる。住民投票が必要ならば、地元住民の意見を反映させることもできる。こうした手続きを踏めば、基地移設のプロセ

た、２０１６年10月18日には、米軍ヘリパッド建設工事に反対する市民に対し、大阪府警所属の機動隊員が「触るな。土人」と暴言を浴びせる事件も起きた（https://www.okinawatimes.co.jp/articles/-/67244参照（２０１９年12月7日最終閲覧））。

▼20　例えば、２０１５年６月25日の自民党内勉強会「文化芸術懇話会」にて、人気作家が「沖縄のあの二つの新聞社はつぶさなあかん」と発言した事件は、沖縄差別が根強く残っていることを示した。沖縄差別の現状については、安田浩一『沖縄の新聞は本当に「偏向」しているのか』（朝日新聞出版、２０１６年）20―72頁参照。

▼21　ただ、「何に対する」差別なのかは、議論の余地がある。時に、権力者や国民が

スは、差別的ではなくなり、公共性が担保されるだろう。

2　埋め立て承認取り消しの違法確認訴訟

もっとも、以上の主張は、現状、中央の国家機関たる国会や内閣の認めるところではない。では、裁判所はどうか。この問題は、一度、訴訟で争われたことがある。

辺野古の埋め立てには、公有水面埋立法に基づく沖縄県知事の承認処分が必要である。歴代県知事は、埋め立て反対の強い世論を背景に、承認をしてこなかった。しかし、２０１３年12月27日、仲井眞弘多知事は埋め立て承認処分をした。これに対する沖縄世論の反発は強く、翌年秋の県知事選では、埋め立て反対を訴える翁長雄志知事が当選した。そして、２０１５年10月13日、翁長知事は、埋め立て承認取り消し処分を行った。これに対し、国は、承認取り消し処分の違法確認訴訟を提起し、裁判所が、辺野古埋め立ての適法性を判断する流れとなった。

この訴訟で、県知事側は、「憲法第92条及び第41条〔国会の地位、立法権を定める〕より、米軍新基地建設には、根拠となる法律が必要である」が、「辺野古新基地建設は、それを定めた具体的な根拠法が存在しない」ため、仮に埋め立てを行っても、米軍基地として運用できないのだから、埋め立て承認は合理性を欠き、それを取り消す処分は適法だと主張した。

これに対し、福岡高裁那覇支部判決平成28年（２０１６年）９月16日判時２３１７号

示す災害被災者への冷淡な視線を考えると、沖縄差別に加え、政策実行のための偶然的犠牲者への差別があると考えることができるかもしれない。この点は、研究集会後、西村裕一企画委員長より示唆をいただいた。

▼22　大澤真幸「辺野古：抵抗権」10+1website（LIXIL出版、２０１６年１月）は、「沖縄は、あまりにも冷遇され、差別されてきた」として、「普天間基地を辺野古へと移設するという意思決定に、沖縄の人々も参加していたとは見なし得ない」ことを問題と指摘する。http://10plus1.jp/monthly/2016/01/issue-07.php（２０１９年12月７日最終閲覧）

▼23　木村草太「辺野古基地建設問題と法律事項・地方特別法住民投票」（『法学セミ

42頁(民集70巻9号2727頁)は、次のように結論した。

……本件施設等の建設及びこれに伴って生じる自治権の制限は、日米安全保障条約及び日米地位協定に基づくものであり、憲法41条に違反するとはいえず、さらに、本件新施設等が設置されるのはキャンプ・シュワブの米軍使用水域内に本件埋立事業によって作り出される本件埋立地であって、その規模は、普天間飛行場の施設の半分以下の面積であり、かつ、普天間飛行場が返還されることに照らせば、本件新施設等建設が自治権侵害として憲法92条に反するとは言えない。

この論証には、明らかな欠陥がある。憲法92条が、「地方公共団体の組織及び運営」に関する事項の決定に要求する法形式は「法律」であり、閣議決定や条約ではない。[25]しかし、判決は「日米安全保障条約及び日米地位協定」という条約を根拠に、自治権制限を合憲とした。また、自治権制限の面積が狭いからと言って、法律の根拠が不要になるわけではなく、埋め立て地の面積が「普天間飛行場の施設の半分以下」だから、「自治権侵害として憲法92条に反するとは言えない」という論証も成立していない。これまでにない自治権の制限が生じるのだから、その根拠法が要求されるのは当然のことだろう。

このような明らかに問題のある判決にもかかわらず、最高裁判所第二小法廷は２０１６年12月13日の調書決定にて、県知事側の上告理由を棄却した。[26]裁判所も、閣議決定に

ナー』７３６号、２０１６年)、同『憲法という希望』(講談社現代新書、２０１６年)参照。

▼24　この点について、政府は、「既にある法令に」「上乗せして法律を作っていく必要は」「ない」と答弁している(２０１５年4月8日参議院予算委員会における松田公太議員に対する安倍晋三首相答弁)。ただし、政府は、基地設置に伴う自治権制限の根拠法律が、何法何条なのか、具体的な指摘をしていない。

▼25　五十嵐敬喜「辺野古裁判と憲法14条1項『平等権』違反」(『世界』２０１７年2月号、１０４頁)は、日米安保条約・日米地位協定の合憲性・有効性を前提とすれば、「本件事業は公有水面埋立法に基づいて行われていて、法律上の根拠を有している」と

よる基地設置とそれに伴う自治権制限を合憲と判断したのである。

3　沖縄からの異議申し立て

沖縄県民の意思を基地問題に反映させる手続きを求める議論や異議申し立ては、その後も続いている。

２０１７年４月20日の衆議院憲法審査会では、地方自治制度が議論され、参考人の有識者たちは、沖縄問題への対応について、それぞれに重要な提案をした。

大津浩教授は、スコットランドの自治権を参考に、大幅な沖縄県への権限移譲を提唱した。小林武教授は、沖縄県や基礎的自治体による住民保護条例と、国がそれをバックアップする法律の制定を提唱した。また、斎藤誠教授は、憲法上の地方自治保障の条項を充実する改憲による対応を示唆した。

佐々木信夫教授は、沖縄県知事を内閣の一員に加え、沖縄担当大臣は沖縄県知事が兼務することとして、国政に沖縄の意見をストレートに反映すべきと提案した。現行憲法上、特定の自治体の長を閣僚とすることは、内閣と自治体の意思決定を一体化させるもので、当該自治体の団体自治を害し、憲法92条の「地方自治の本旨」に反すると評価される可能性が高い。しかし、沖縄固有の歴史や事情を考えると、興味深い提案と言える。

また、２０１７年10月22日の衆議院選挙に際し、最高裁判事の国民審査が行われた。沖縄県内の投票では、辺野古訴訟で沖縄を敗訴させた第二小法廷の菅野博之判事の罷免

する「国側の反論はそれなりに筋道が立っている」と評価する。

しかし、公有水面埋立法は埋め立ての根拠法であり、埋め立て後の基地設置に伴う自治権制限の根拠にはならない。五十嵐教授の主張は、沖縄県知事側の主張を正しく理解したものではない。

▼26　公有水面埋立法の解釈で、県知事側が敗訴した部分も、最二判平成28年12月20日民集70巻９号２２８１頁で、上告受理申立を棄却している。

を可とする投票が、他の裁判官よりもかなり多かった。▼27

２０１８年７月27日には、翁長知事が、辺野古埋め立て承認を撤回した。同年９月30日の県知事選では、辺野古埋め立て反対路線を継承する玉城デニー氏が当選している。また、２０１９年２月24日には、埋め立ての賛否を問う県民投票が実施され（投票率52・48％）、反対４３４、２７３票（72・15％）、賛成１１４、９３３票（19・10％）、どちらでもない５２、６８２票（８・75％）として、圧倒的な反対多数の結果が出された。▼28

もっとも、国側は方針を変更することはなかった。２０１８年12月14日には、埋め立て予定地に土砂が投入され、現在も工事が進められている。

結論　沖縄問題－（マイナス）差別＋（プラス）適正手続き＝（イコール）？

１９６０～70年代の米軍基地集中にしても、辺野古移設問題にしても、沖縄県民の意思は、中央の意思決定から排除されてきた。そして、国会も、裁判所も、さらには国民の多くも、これを是としてきた。その背後には、「沖縄県民の意思は、決定から排除してよい」という価値判断がある。これは、差別的な価値判断で、公共的なものとは言いがたい。

では、差別を除いて、この問題に取り組むとどのようになるか。基地を設置する自治体の住民に、十分な意思表明の機会を確保する手続きを整備すべきだということになろう。適正手続きが、問題解決の出発点になる。

▼27　もともと、基地問題への冷淡な判決の積み重ねがあり、沖縄では、最高裁判事への不信感は高い。裁判官罷免可票の率は、２０１４年の国民審査で全国平均９・２％に対し沖縄で平均16・６％、２０１７年の国民審査で全国平均８・０％に対し沖縄で15・４％と、全国の倍程度となる傾向が続く。17年、菅野判事の沖縄県内の罷免可票数は９０、８６０票に上り、県内ワーストである。また、菅野判事の罷免可票率は、全国平均８・０％に対し、沖縄で17・０％だった。

▼28　https://www.pref.okinawa.jp/site/chijiko/henoko/kikaku/kenmintouhyou.html 参照（２０１９年12月８日最終閲覧）

長尾龍一教授は、尾高朝雄教授と清宮四郎教授の理論を「『ケルゼン・マイナス・批判的知性』（何か残るのか？）」と評した。[29] この表現を借りて、本報告の結論をまとめると、次のようになる。

「沖縄問題・マイナス差別・プラス適正手続き」（何が残るのか？）。

＊本稿は、２０１９年10月14日に開催された全国憲法研究会秋季研究総会での報告をまとめたものである。研究総会のテーマは「憲法学における国家と公共」であり、公共体としての国家が「私」の前に後退を続ける事態を検討するものであった。筆者は、このテーマを前提に、差別に起因する特定の地方公共団体への手続き保障の不足を批判的に検討した。本稿は、タイトルと冒頭を報告内容は、同会の学会誌である『憲法問題31号』に掲載された。本稿は、タイトルと冒頭を調整したうえで、それを再録したものである。

▼29　長尾龍一「ケルゼン伝補遺」（同訳）『ハンス・ケルゼン自伝』慈学社、２００７年、１５６頁

法治主義と地方自治をゆがめる辺野古新基地建設の強行

紙野健二

はじめに

辺野古新基地建設問題は多くの問題をはらむが、歴史をたどってみると、この国の近世から近代への移行期における琉球のありようにさかのぼるとともに、第2次大戦の終結前後の悲劇や、70年代当初の「復帰」時に加えて、今日に至るまで続く差別的な政治構造とそのことへの私たちの無感覚ぶりに、あらためて慄然とする。このような背景を横に置いても、私たちは、法治主義と地方自治という国の基本原理を国自身がないがしろにするという現実に直面する。

国が法にもとづき基地を造ると決めて建設するものを、なぜ地方が従わないのかという反応を目にすることがある。これに近いものとして、辺野古新基地建設のみを目的とした特別法を定めてしまえばいいという考えもあったであろう。ただ、このやり方では憲法95条の求める住民投票を経なければならず、これでは、県民の「抵抗」をまともに受けてしまう。そこで、国は既存の法律の適用で乗り切ろうとしたのであろう。今日の「辺野古問題」がただちには憲法問題ではなく、錯綜した法律問題としてあらわれる外在的要因がここにある。

このように、新基地の建設問題は、行政の組織と国地方の関係のありよう、埋め立て承認やこれにかかわる許可権限の行使やその手続きをめぐって争われ、県と国との間の紛争解決の方法にもからんだ問題を多く生んできた。現時点での大きな争点は、埋め立て区域に広範囲に広がる軟弱地盤の「発覚」等にともなう埋め立て計画の変更につき沖縄県の承認が得られるか否かにかかっているが、その問題の理解のためにも、国によるこれまでの基地建設工事の強行をたどり、問題の所在を示す大きな見取り図にせまってみよう。

1. 法治主義と地方自治

本稿の表題は、辺野古問題を論じるに際して常に立ち戻るべき法原理を示している。以下ではこのことをあらためて敷衍（ふえん）してみよう。

(1) 法治主義と司法の役割

近代国家においては、三権の分立と相互抑制のもとで国の運営がなされ、立法権がその中心に位置する。そして、そこで定められる法律は、憲法に適合的で、かつこれを具体化する規範でなければならない。辺野古新基地建設に適用される公有水面埋立法（以下公水法という）によれば、国が埋め立てをしようとする場合、国の機関が事業者となって沖縄県知事の「承認」を得て埋め立てを行う。その場合、同法が承認の要件と手続きについて定め、地方自治法が同法の解釈の原則とあわせて承認権者である県知事と担当大臣との間に紛争が生じた場合の処理手続きを定めており、司法権にこの過程を監視し適正な執行を図る役割が委ねられている。

司法は、紛争が生じた場合の憲法上の最終の法判断機関である。ただ、この判断の前提として、その紛争が裁判所での判断にふさわしいものであることが必要条件となるので、それが法的な紛争か否か、その判断を受けるための条件として法律が詳細に定めた諸条件に適合するか否か等の判定が先行する。

しかし、現実には裁判所の実体判断がなされる例が少ないほどに、それら諸条件が高くそびえたっている。裁判で求められる請求の多くが門前払いとなり、判断回避が横行するなら、行政がやみくもに形成した事実がそのまままかり通ることになる。これにかかわる法律学の精力の多くは、この行政訴訟が成立するための条件に注がれてきたが、もし司法がその役割を適切に果たさないならば、法治主義は画餅に帰してしまう。行政権を監視し法治主義を担保する機能を自己の存在理由の重要な部分としてとらえる自覚が、司法に求められるのである。[1]

▼1　拙稿「辺野古基地建設問題と司法」（『季論21』47号、2020年、107頁）および同「辺野古新基地建設問題が提起する公法学の諸問題」（晴山一穂他編『官僚制改革の行政法理論』187頁以下、日本評論社、2020年）。辺野古問題に関する第一次資料は沖縄県基地建設問題対策課のホームページを参照。https://www.pref.okinawa.jp/site/chijiko/henoko/index.html

⑵ 地方自治と法の仕組み

先にのべたように、新基地建設に際して憲法95条の求める県民合意の必要を直接回避したとしても、国は憲法第8章（「地方自治」）から逃れられるわけではない。ここでは公水法が埋め立て承認の、漁業法等と漁業調整規則が岩礁破砕許可やサンゴの特別採捕許可の権限を、国の機関ではなく県知事に与えており、県がその権限行使について国と見解を異にすることがあったとしても、ただちに国に従わねばならないわけではない。そのような場合のために、地方自治法は２４５条以下において、国が行いうる関与の手段の種類、内容、及びその手続きについての明確化と制約を旨とする詳しい規定をおき、最終的には紛争解決を裁判所の判断に委ねている。そのことを通じて、地方自治法は、県知事の法解釈に際しての自主性を保障するとともに、これに対する国の干渉を限定しつつ裁判所の役割に期待しているのである。

このような考え方は、大戦後も根深く残る国の地方支配の観念の克服を意図してのものであり、長年の論議を経て、ようやく分権改革論議をふまえた１９９９年の「地方分権一括法」の成立によって法制上表現された。したがって、辺野古問題に際しての県の権限行使と、国の県に対する「関与」も、その趣旨に沿って理解されなければならず、ここで私たちは、日本国憲法の下での地方自治のあり方を再確認し、先の分権改革を検証する機会を得ていることに気づく必要がある。▼2

▼2　この点につき、白藤博行「辺野古新基地建設問題における国と自治体との関係」（『法律時報』87巻11号、２０１５年）１１９頁を参照。

2. 辺野古問題の展開と焦点

ところが驚くべきことに、国は以下に示すような、およそなりふりかまわない対応を示してきた。

(1) 無許可のままの岩礁破砕

２０１４年11月に就任した翁長雄志知事は、仲井眞弘多前知事が２０１３年にした埋め立て承認を２０１５年10月に取り消したが、これを最高裁が２０１６年12月に違法と判決した。これをうけて県は、同年末にこの取り消し処分を取り消したので、このことにより仲井眞前知事の埋め立て「承認」の効力が復活することとなる。

この１年２カ月の間、工事は停止されていたことをここで記憶しておくが、その前に、県の漁業調整規則の定める県知事の岩礁破砕許可が２０１７年３月に期限切れになったのにもかかわらず、この破砕行為を続けた沖縄防衛局の無法ぶりをのべておかなければならない。

同規則の39条は、漁業権が設定されている区域における岩礁破砕行為には知事の許可を要すると定めており、その更新時期にあたっていたところ、国が巨額の補償をつぎ込んで地元漁協に漁業権を放棄させ、それをもって破砕行為に許可を要しなくなったと称して、許可権者で工事中止を求める県知事を差しおいて勝手に工事を続行した件である。たとえていうと、免許更新時期を迎えたドライバーが、自分は免許など要らなくなったので公安委員会にことわることもないとして、勝手に運転を続けたようなものであった。工事に驚いた県が破砕行為を再三再四中止するよう求めたが、国はこれを聞く耳を持たず、さりとて県にこれを止める権限が規則にはないので、やむをえず民事差し止めを求めたところ、地裁高裁とも、県が請求する差し止めの根拠が規則の定める公法上の管理権にもとづくもので、民事上の差し止め請求はできないと判示して、県の請求を門前払いした。[3] あたかも、公安委員会が無免許運転をするドライバーに運転を止めるよう求める訴えを起こしたら、裁判所は訴訟法上そのような請求を判断する仕組みにはなっていないとして、やりたい放題もやむをえない、としたのである。

(2) 承認撤回を受けての私人なりすまし

先の翁長知事による埋め立て承認取り消しの際には、国は地方自治法245条の7に従って、承認取り消しを取り消すべく県知事に対して是正の指示を行い、この指示に従わない県知事を相手にして2016年の7月に、地方自治法251条の7第1項にもとづく不作為違法確認訴訟（いわゆる「関与訴訟」）を提起した。同年12月に、最高裁において国が勝訴して県の不作為違法が確定し、県が承認取り消しを取り消したのを受けて、国はさっそく工事を再開し、それ以降今日まで工事を継続してきた。しかし、県はその工事には公水法4条1項の定める承認の要件に違反する重大な事実がいくつかあることが判明したことを理由に、その都度この是正と工事中止を求めてきた。にもかかわらず、国は一向にこれをあらためることがないまま工事を

▼3　さしあたり、人見剛「辺野古新基地建設工事における国の無許可の岩礁破砕」（『法律時報』90巻2号、2018年）を参照。

すすめるばかりであった。

そこで県は、2018年8月に工事が埋め立て承認の要件に違反することを理由として、この承認を自ら「撤回」するに至った。[4] これに対して国は、先の承認取り消しの際のように、県知事にその撤回の取り消しの指示をしさらに「関与訴訟」を提起して紛争を決着しようとはしなかった。埋め立て承認撤回をうけた国の機関である沖縄防衛局長に、この撤回処分を不服として国交大臣に対して行政不服審査法2条の定める審査請求と、あわせて撤回処分の執行停止の申し立てをさせ、同大臣がこの申し立てを認める決定を出すとともに請求を認める裁決をして、県知事のした撤回処分を取り消すに至った。

行政不服審査法は、その1条1項が定めるように「国民の権利利益を図る」ことを目的とする。つまり、私人が知事に「申請」をしてうける埋め立て免許に準じて、県から「承認」を得て埋め立てを行う国の機関である防衛局長が承認撤回に不服があるとして、先にのべた地方自治法の定める「関与」ではなく、同じく国の機関である国交大臣に審査請求をしその裁決を得ることが、果たして容認されるのかが問題となった。

これは、国の機関である防衛局長が、国民に与えられた権利救済の手段を用いて国の別の機関に審査を求めるという、およそ法的には想定外の奇策であり、その裁決の結論は自ずから明らかといわねばならない。国の機関が、いわば私人になりすまして行政不服審査制度を悪用するものであり、地方自治と法治国家に悖る(もと)と強く批判されるゆえんである。[5]

▼4 この「撤回」とは法律上用いられている用語ではなく、処分がなされて以後に生じた事情等によって処分を維持することが適切でなくなった場合に処分権者が行う行為であって、取り消しとは観念上区別される。

▼5 当時110名を超える行政法学者が強く批判し、裁判において沖縄県も度々依拠してきた主張である。

辺野古新基地建設をめぐる沖縄県と国の裁判

（2020年12月現在）

	提訴日	原告→被告	裁判所	請求内容	結果
代執行訴訟	2015年11月17日	国→県	福岡高裁那覇支部	県の埋め立て承認取り消し処分の取り消しを国が求める	2016年3月4日和解
抗告訴訟①	2015年12月25日	県→国	那覇地裁	県の埋め立て承認取り消しを取り消した国交相裁決の取り消しを県が求める	2016年3月4日和解
違法な国の関与の取消訴訟①	2016年2月1日	県→国	福岡高裁那覇支部	県の埋め立て承認取り消しを取り消した国交相裁決の取り消しを県が求める	2016年3月4日和解
違法確認訴訟	2016年7月22日	国→県	福岡高裁那覇支部	埋め立て承認取り消しの是正措置を求めた国の指示に対する県の不作為は違法との確認を国が求める	2016年12月20日、最高裁で県が敗訴
工事差し止め訴訟	2017年7月24日	県→国	那覇地裁	県の岩礁破砕許可を得ずに工事を進めるのは違法と、県が差し止めを求める	2019年12月5日、高裁で県敗訴。2019年3月29日、県が上告取り下げ
違法な国の関与の取消訴訟②	2019年3月22日	県→国	福岡高裁那覇支部	県の承認撤回を取り消した国交相裁決の取り消しを県が求める	2019年6月17日県の請求を却下
違法な国の関与の取消訴訟③	2019年7月17日	県→国	福岡高裁那覇支部	県の承認撤回を取り消した国交相裁決の取り消しを県が求める	2020年3月26日最高裁で県が敗訴
抗告訴訟②	2019年8月7日	県→国	那覇地裁	県の埋め立て承認撤回を取り消した国交相裁決の取り消しを県が求める	係争中
違法な国の関与の取消訴訟④	2020年7月22日	県→国	福岡高裁那覇支部	防衛省沖縄防衛局の名護市辺野古沖サンゴ移植申請許可を求めた農林水産相の是正指示の取り消しを県が求める	係争中

3. 私人なりすましの意義

国のとった私人なりすましという奇策は、単に行政不服審査法の定める審査請求資格や埋め立てができる地位の問題にとどまらない[6]。以下では、これを3点に分けてのべる。

(1) 組織的手続き的不公正

本件は、国の機関が、国民に対して認められている救済の機会を悪用して、国の別の機関に不服を申し立てるという事例である。一般に、個別の法律において国または地方公共団体が何らかの事業主体となってこれを行う機関が、別の法主体の機関の許認可を要する場合が他にないわけではない。その場合の組織的手続き的な公正の確保のありようについて、これまで特段の立法措置が講じられてきたとはいいがたい。逆にいえば、制度的な公正性確保の措置を講じることもなく、国という一つの法主体が沖縄防衛局長に審査請求をさせ、国交大臣にこれに対する裁決をさせることは、それ自体、いちじるしく不公正であり違法である。すなわち、別途紛争解決方法として地方自治法が251条の5を定め、行政不服審査法1条1項が公正な手続きを目的としている趣旨に反する。とくに後者についていえば、何人も自らが当事者となる事件について制度的偏見（bias）をもって判断し決定してはならないことは、法の運用に際しての当然の前提であり、このようなことの容認は恣意専断のきわみに他ならない。

▼6 承認をうけて埋め立て工事をする防衛局の地位を海の所有権または管理権から、あるいは、埋め立てのために県知事への申請という形式をとっていることを根拠に、国に審査請求をする資格が認められるとする主張がある。防衛局長、国交大臣及び国地方係争処理委員会がこれをとる。このような謬論は、これから述べる三つの観点から強く批判されるべきであるが、ここではふれない。

(2) 既成事実の積み上げ

行政不服審査法の定める審査請求は、行政法学上にいういわゆる「処分」であって、それが裁判所において違法として取り消されるまでは、仮に有効と取り扱われる。本件においては、県知事のした埋め立て承認撤回を取り消した国交大臣の裁決を争う裁判が決着するまでは、この裁決は効力を持つ。すなわち承認撤回は効力を否定されてしまうので、国は埋め立て工事を続行できるのである。これに加えて、沖縄防衛局長は審査請求の際に承認撤回の「執行停止」を申し立て、国交大臣は即これを認める決定を下したので、工事はほとんど途切れることなく継続してきたのである。行政不服審査法の25条が定めるこの「執行停止」というのは、本来、争訟が解決するまでの仮の利益保全を目的とするものであるにもかかわらず、国はこれを逆用したのである。埋め立て工事の続行が及ぼす環境破壊をも含めて、法治主義をないがしろにする法解釈と制度運営に他ならない。

(3) 司法救済の拒否

知事の承認の撤回を取り消した国交大臣の審査裁決は、これを不服とする県が取消訴訟を提起し勝訴すれば、取り消されて効力が否定され工事ができなくなる。沖縄県はこのために二つの訴訟を提起した。地方自治法の定める関与取消訴訟と、行政事件訴訟法の定める抗告訴訟としての取り消し訴訟である。ただ、いずれの訴訟でも県が勝訴することは容易ではない。それは、裁判所が承認撤回を違法と判断する可能性が高いというのではない。この請求が訴訟要件を満たさないとして、これを理由に却下するおそれが大きいからである。

まず関与訴訟にいう国の関与の定義は、地方自治法245条に定めるが、審査裁決はその3号で明示的に除外されているので、文理解釈として違法か否かを判断すべき「関与」にそもそもあたらないと予想するのは容易である。[7]また、抗告訴訟においては、審査裁決で処分を取り消された側の処分庁が当該処分を争えるか否かについてはこれを否定する判例がある。[8]ここで詳論する紙幅はないが、本件の裁判所がこれらの判例を変更するなり事例を異にするなり判断して乗りこえることとは、そのことの適否はともかく期待薄であろう。

したがって、県が自らした承認撤回を取り消した国交大臣の審査裁決の取り消しを裁判所に求めても、門前払いされることとは想像に難くない。県知事の権限行使について異を唱える国が、地方自治法の関与の仕組みを用いないで、国の機関である防衛局長が私人なりすましをして審査請求に及ぶことの意味の核心は、まさにここにあったのである。

むすび

このようにして、沖縄県がした辺野古の埋め立て承認の撤回は、国の私人なりすましという組織的手続き的な不公正な手段と、処分の執行停止という利益保全制度の悪用によって、違法工事を継続し、さらに司法によるその適否の判断の機会を奪うものとなるのではないかと危惧される。

▼7　このような理解の筋道は、ある意味きわめて当然といえなくもない。しかし、本件が、先にのべたように国が私人なりすましという奇策をもって不適法な審査請求をし、これを国交大臣が認容する裁決をしたものであることを適切にふまえるならば、却下判決こそ本末転倒であることは明らかである。しかし、裁判所がこのような冷静な思考で県が提起したこの訴訟の経緯を理解し、その意味を把握するのは残念ながら期待薄かもしれない。

▼8　昭和49（1974）年5月30日および平成14（2002）年7月9日の最高裁判決。これらの判例が前提と

このような状況の下で、大浦湾側に拡がる軟弱地盤の「発覚」により、埋め立て計画の変更を余儀なくされて、２０２０年４月にその承認申請がなされ、現在、県が審査をしていることは周知のところである。これまで基地建設のための海の埋め立て承認権限をもつ県知事に対して、たび重なる指導や指示に従わず、県にも県民にも情報を開示も説明もせず工事を継続してきた事業者たる国は、計画の変更申請をし、これに対して利害関係人から１万９千件の意見提出があったという。この推移になお注目せねばならない。

【追記】

本稿脱稿後、以下のような展開があった。まず、「3．私人なりすましの意義」(3)の県が求めた司法救済の拒否事例がまた一つ加わった。２０２０年11月27日の抗告訴訟における那覇地裁の却下判決である。関与訴訟においては、３月26日に最高裁判決において国交大臣の審査裁決が関与に当たらないとして却下されているので、もしこの抗告訴訟の却下が最高裁において確定すれば、埋め立て承認を撤回した県の主張の適否についての司法判断そのものがなされないことになる。このような事態が何を意味するかは本稿がのべてきたとおりである。

次に、県知事のサンゴ特別採捕許可の不作為に対する是正指示に関する福岡高裁那覇支部の判決が、２０２１年２月３日に言い渡される予定となった。11月20日の期日において県が申請した証人の証言が不採用となっており、帰趨は容易に予想できる。

していた法制のその後の変動や脈絡の異同からして、本件でこれらに依拠することの合理性は乏しい。拙稿前掲註▼１の『季論21』47号、１１２頁参照。

安倍政権が押しつけた歴史・公民教育
二つの沖縄教科書問題

前川喜平

21世紀初頭、沖縄と教科書に関わる問題が二度起きた。一度目は、沖縄戦での「集団自決」に関する高校日本史教科書の検定をめぐる問題（２００６〜２００７年）。二度目は、八重山地区の中学校公民教科書の採択をめぐる問題（２０１１〜２０１４年）。どちらも政治によって教育が不当にゆがめられた問題だった。そして、どちらも安倍晋三政権の下で起きた。

「集団自決」教科書検定問題

発端は２００７年３月30日、文部科学省による高校日本史教科書検定結果の発表だった。[1]沖縄戦でのいわゆる「集団自決」（強制集団死）について、従来検定で認めていた、日本軍による

▼1　以下、事実関係の多くは沖縄タイムス社編『挑まれる沖縄戦——「集団自決」・教科書検定問題報道総集』（２００８年）による。

命令や強制があったという趣旨の記述を、削除させる検定が行われたのだ。「日本軍に集団自決を強制された人もいた」は「集団自決に追い込まれた人々もいた」に（清水書院）、「日本軍は、……日本軍のくばった手榴弾で集団自害と殺しあいをさせ（た）」は「日本軍のくばった手榴弾で集団自害と殺しあいがおこった」に（実教出版）、「日本軍に『集団自決』を強いられた」は「追いつめられて『集団自決』した」に（三省堂）、変えられていた。１週間後の４月６日には沖縄県で緊急抗議集会が開かれた。抗議の声は日を追って高まり、９月29日の11万人を超える「教科書検定意見撤回を求める県民大会」へとつながった。

異変は前年に起きていた。文科省の教科書調査官が教科書執筆者らに対し「軍からの強制力が働いたと受け止められる記述は困る」と言って、記述の修正を求める検定意見書を手渡したのは、２００６年12月だった。検定意見は教科用図書検定調査審議会（以下「教科書審議会」）に諮（はか）って決定されるが、２００６年10月・11月に２回開かれた日本史小委員会では、「集団自決」の記述について委員から意見が出ず、教科書調査官が示した原案（調査意見書）がそのまま通っていた。日本近現代史を専攻する教科書調査官、照沼康孝氏と村瀬信一氏は、両名とも伊藤隆東大名誉教授の門下生だった。伊藤氏は、従来の歴史教科書を「自虐史観」と批判する「新しい歴史教科書をつくる会」創設時（１９９６年）の理事であり、同会から分かれて２００６年10月に発足した「日本教育再生機構」の代表発起人であり、育鵬社の歴史教科書の監修者だった。

しかし、教科書調査官だけでは前例を覆す検定はできない。前例踏襲を重んじる局長、課長、企画官などの官僚の同意が必要だ。それができたのは、２００６年９月に安倍政権が発足したからだろう。安倍晋三氏は歴史修正主義者だ。１９９７年に教科書の「慰安婦」記述の削除や検定基準の「近隣諸国条項」削除などを求めて結成した「日本の前途と歴史教育を考える若手議員の会」の初代事務局長だった。「集団自決」に軍の命令や強制がなかったということにすれば安倍首相の意に沿う。それを官僚たちは十分了知していた。

当時私は文科省の大臣官房総務課長で、その後初等中等教育局（初中局）の審議官になったが、[▼2]教科書行政は担当しなかったので、この検定の具体的経緯は知らない。しかし何があったのかは、ある程度想像できる。「官邸への忖度（そんたく）」か「官邸からの指示」か、どちらかがあったのだろう。指示があったとすれば、内閣官房副長官だった下村博文氏から初中局に直接行われた可能性がある。文部科学大臣は伊吹文明氏だったが、総務課長としてそばにいた私から見て、伊吹氏が検定方針変更に関与した可能性はない。

教科書検定は政治に左右されてはならない。教科書検定が合憲であり得るのは、学問に基礎を置く限りにおいてであり、検定意見は学説状況を踏まえなければならない。だから、教科書審議会の委員にも教科書調査官にも、それぞれの分野の学者を充てている。その人選は一派に偏してはならないが、日本近現代史の分野では、その人選にすでに政治の意思が反映していたのだろう。

私は教科書検定制度はあってよいと考える。検定がなくなると、歴史修正主義、皇国史観、「國體（こくたい）」思想が丸出しの歴史教科書が出現する危険がある。しかし、検定の仕組みは大きく見直すべきだ。検定を文科省から切り離して合議制機関の権限とし、その委員の人選は日本学術会議から推薦を得るなどして政治介入が起こりにくくし、教科書調査官の人選も、複数の学会

▼2 初等中等教育局には、担当の審議官が２人いる。

から推薦を得るなどして、特定の師弟関係に支配されないようにすべきだろう。

この問題は安倍首相退陣後の２００７年12月、福田康夫内閣の渡海紀三郎文科大臣のもと、出版社からの「訂正申請」を認める形で一応の決着を見た。「日本軍の関与のもと、……集団

2007年9月29日　沖縄県宜野湾市・海浜公園　写真提供＝朝日新聞社

教科書検定意見撤回を求める県民集会

▶高校歴史教科書から沖縄戦「集団自決（強制集団死）」の旧日本軍による強制の記述を削除・修正した文科省検定意見に対する抗議に、11万6千人（主催者発表）が参加した。

〈子供たちに、沖縄戦における「集団自決」が日本軍による関与なしに起こり得なかったことが紛れもない事実であったことを正しく伝え、沖縄戦の実相を教訓とすることの重要性や、平和を希求することの必要性、悲惨な戦争を再び起こさないようにするためにはどうすればよいのかなどを教えていくことは、我々に課せられた重大な責務である〉との決議文が採択された。（編集部）

自決に追い込まれた」（清水書院）、「強制的な状況のもとで、住民は、集団自害と殺しあいに追い込まれた」（実教出版）、「最近では、集団自決について、日本軍によってひきおこされた『強制集団死』とする見方が出されている」（三省堂）など、「軍の関与」を示す記述は認められた。しかし、「軍の強制」を認めない検定意見は未だに撤回されていない。

八重山教科書採択問題（旧民主党政権下）

２０１１年8月、八重山地区（石垣市、竹富町、与那国町）の中学校公民教科書共同採択で、採択地区協議会は育鵬社版を選定・答申したが、竹富町教育委員会は東京書籍版を採択し、一本化ができなかった。育鵬社版には、領土や自衛隊に関する記述は多かったが、沖縄の米軍基地に関する記述はまったくなかった。

文科省は、協議会の答申通りに採択しなかった竹富町教委を、「協議の結果」に従っていないとして、教科書無償措置法違反と断じた。しかし、この理屈には決定的な間違いがあった。協議は終結しておらず、当事者を拘束する「結果」は存在しなかったのだ。

「協議の結果」の不存在を、時間を追って検証してみる。

まず、２０１１年6月27日の協議会で、会長である玉津博克石垣市教育長の提案により、協議会の構成を変え、教科書選定を多数決で行うなどの規約改正が行われたが、協議会には規約を改正する権能はない。したがって、この改正は無効だと考えられる。無効な規約改正に基づいて行われた教科書選定は無効である。

８月23日、協議会は育鵬社版を選定し答申したが、答申に法的拘束力はなかった。８月31日には規約に基づく再協議を行ったが、合意には至らなかった。文科省は、８月23日の答申と31日の再協議で育鵬社版の採択という「協議の結果」が得られたと断定したが、根拠のない強弁に過ぎない。これらは「協議の結果」ではない。協議はその後も続いたからだ。

沖縄県教委の指導により９月８日に行われた３市町の教育委員全員による協議では、石垣市、竹富町各５人、与那国町３人、計13人の教育委員で多数決を行った結果、８人の賛成により東京書籍版の共同採択が決まった。この決定こそ文科省が言う「協議の結果」に当たると考えられる。しかしその後、石垣市と与那国町の教育長が文科大臣宛てに、教育委員全員協議には合意していないとする文書を提出した。一方、３市町の教育委員長は連名で、全員協議により教科書の採択をしたいとする文書を文科大臣に提出した。文科省は「全員協議において……協議を行うことについて、各教育委員会が合意していたとは認められない」（10月４日、赤嶺政賢衆院議員の質問主意書に対する答弁書）として、石垣市と与那国町の教育長の主張に軍配を上げた。その根拠は「教育長提出文書には公印が押してあるから」だった。しかし、公印の有無は本質的な問題ではない。委員長は教育委員会を代表する職だったのだから、文科省は委員長提出文書を教育委員会の意思と認めるべきだった。

「協議の結果には従え」という理屈は、文科省が内閣法制局の「お墨付き」をもらって作ったものだが、「協議の結果」が存在しなければ、この理屈は使えない。

当時私は大臣官房総括審議官だったが、初中局の理屈はおかしいと思っていた。初中局は、当時野党だった自民党の義家弘介参議院議員（当時）の恫喝的な圧力に屈服又は迎合していたと思われる。義家氏は石垣市の玉津教育長と常に連絡を取り合っていた。教育委員全員協議では、玉津氏が義家氏からのファックス文書を示して育鵬社版採択の正当性を主張したという。義家氏は文部科学省から有利な見解を引き出し、玉津氏に伝える役割を果たしていたようだ。

当時は旧民主党の野田佳彦内閣で、文科大臣は中川正春氏、教育担当の副大臣は森裕子氏だった。制度を熟知しない大臣・副大臣が、「竹富町の採択は違法」という事務方の説明を鵜呑みにしたのは、やむをえなかったと思う。しかし、当時の文科省はぎりぎりのところで竹富町を救う手立てもとった。「竹富町は教科書無償措置法に違反しているので教科書無償給付の対象にはならないが、地方教育行政法上は教科書採択の権限があるので、自ら採択した教科書を自前の財源で購入し生徒に給与することは認める」ことにしたのだ。この方針は、10月26日の衆議院文科委員会で中川大臣が示し、12月２日には沖縄県教委に通知された。竹富町は引き続き東京書籍版の無償給付を求めたが、２０１２年度から使用する教科書については、篤志家からの支援を受けて調達し、生徒に配布した。

八重山教科書採択問題（第二次安倍政権下）

２０１２年12月、第二次安倍政権が成立し、文科大臣に下村氏、文科大臣政務官に義家氏が就任すると、八重山教科書採択問題が蒸し返された。２０１３年３月１日には義家氏が竹富町教委に乗り込み、育鵬社版教科書を採択するよう迫った。大臣官房長だった私は、ツイッターに匿名でこう書いた。[▼3]３月１日「義家文科政務官が竹富町に『育鵬社の教科書を使え』と迫ったと。ヤクザの言いがかりに等しい蛮行だ。負けるな小さな竹富町！」。３月28日「権力ある不正義は正義を僭称し、権力のない正義は不正義の汚名を着せられる。竹富町の正義は文科省の不正義によって押し潰される」。竹富町教委は４月11日、「地方教育行政法に基づいて教科書採択権を正当に行使していると考えている」と回答。その後も一貫して文科省の「指導」に従わなかった。

業を煮やした下村大臣は２０１３年10月18日、地方自治法に基づき、沖縄県教委に対し、竹富町教委に対して是正の要求を行うよう指示した。沖縄県に向かって「竹富町に育鵬社版を採択させろ」と命じたのだ。私は２０１３年７月に初中局長になっていたが、内心この指示は暴挙だと考えていた。沖縄県の諸見里明教育長には内々に「結論を出さずに『検討中』を続けてほしい」と伝えた。

そのころ同時に教科書無償措置法の改正作業が進んでいた。下村氏や義家氏の意図は、今後竹富町のような「不届き者」が出ないよう共同採択の縛りを厳しくすることだった。私はその法案に別の改正を盛り込んだ。それは、都道府県教委が決定する共同採択地区の単位を「市・郡」から「市町村」に改めることだった。郡の縛りをはずし、同じ郡内の町村を分離できるようにする。表向きの理由は、市町村合併が進み郡の括りが時代遅れになったということだった

▼3　現職公務員の間は実名を明かさずツイートしていたが、現在は実名でツイートしている。

が、私は内心、八重山郡で縛られている竹富町を共同採択地区から分離して単独採択地区にしようと考えていた。そうなれば、竹富町は大手を振って東京書籍版を採択できるし、文科省はその教科書を無償給付しなければならなくなる。その意図は諸見里教育長にも伝えてあった。

改正法案は２０１４年2月28日に国会に提出された。国会審議では、「八重山採択地区で単独の採択地区になろうとする町村も出てくるのではないか」という質問（自民党石井浩郎参議院議員）もあったが、私は真意とは逆に「八重山採択地区は、地理的、社会的条件や関係自治体の規模などから考えて、一つの採択地区として設定すべき」と答弁した。下村大臣にも、沖縄県教委は八重山地区を分離しない方針だと説明していた。この法案は４月９日に成立し、16日に公布・施行された。

この間沖縄県教委は、文科省に質問状を出すなどして「検討」を続け、なかなか大臣の指示を実行しなかったので、下村大臣は２０１４年３月14日、竹富町に対し直接「是正の要求」をするという更なる暴挙に出た。地方自治法で「是正の要求」ができるのは、市町村の事務処理が「法令の規定に違反」又は「著しく適正を欠き、かつ、明らかに公益を害している」場合に限られるが、竹富町には法令違反も公益侵害もなかった。暴力団が善良な市民に言いがかりをつけたようなものだ。

竹富町は国地方係争処理委員会に提訴することができた。下村大臣は地方自治法に基づく違法確認訴訟を起こす可能性を示唆していた。私はそのいずれかの場合に備えて、竹富町が主張すべき論点をまとめ、いざとなったら内々に渡そうと思っていた。最終的にはどちらも提訴しなかったので、その必要はなくなったが。

4月11日、竹富町教委の大田綾子委員長、慶田盛安三教育長らは記者会見を開き、国地方係争処理委員会への申し立ては行わず、単独採択地区化を求める方針を明らかにした。改正法が施行されると、沖縄県教委は具体的な採択地区の見直しに入った。

4月17日には下村大臣の指示により、私は慶田盛教育長を文科省に招き、局長室で直接「指導」した。その際「育鵬社版を採択し、東京書籍版を副教材にする」という下村大臣が考えた「妥協案」も伝えたが、竹富町がこれを飲むはずはないと思っていた。報道陣が出たあと、私と慶田盛教育長は、竹富町の分離・単独採択地区化をめざすという内密の共通理解を確認した。しかし、下村大臣は採択地区の分離を認めない姿勢なので「今日のところは平行線で物別れだったことにしてほしい」とお願いした。面談後に慶田盛さんは文科省記者クラブで会見を行ったが、部下からの報告によると大した演技力だったらしい。「はるばるやって来たのに、まったく理解してもらえず残念だ」と慨嘆して見せたという。

4月22日には諸見里県教育長を招き、八重山採択地区を分離しないよう「指導」したが、5月21日沖縄県教委は竹富町の分離・単独採択地区化を決定した。その後、諸見里さんは自民党文部科学部会に呼びつけられ、義家氏（文科大臣政務官は前年9月に退任していた）などから散々文句を言われたが、すべて後の祭だった。

こうして八重山教科書採択問題は決着した。国からの「暴風」に抵抗し続けた慶田盛さんに、私は心からの敬意を抱く。慶田盛さんは、沖縄戦のとき日本軍による強制疎開で起きた「戦争マラリア」で生き残った方だ。平和教育への強い信念が抵抗を支えたのだろう。

自衛隊配備と教科書

八重山各市町では、育鵬社版の採択をめぐる対立が今も続いている。そこには南西諸島への自衛隊配備をめぐる政治状況が色濃く影を落としている。与那国町には２０１６年に陸上自衛隊の沿岸監視隊が配備された。石垣市には現在陸上自衛隊のミサイル基地が建設されている。北朝鮮によるミサイル発射や中国の軍事力増強、尖閣諸島付近への侵入など近隣諸国の軍事的脅威を強調し、日米安全保障条約下での米軍の抑止力を重視し、自衛隊の役割を強調する育鵬社版公民教科書は、自衛隊受け入れを進める中山義隆石垣市長や外間守吉与那国町長にとっても、自衛隊配備を進める安倍政権にとっても、都合のいい教科書だった。

集団的自衛権行使を認める安全保障法制が成立し、敵基地攻撃能力の保有が政治課題に上り、米中対立が高まる今日、米軍との一体化が進む自衛隊の配備が、島民の安全にとって良いことなのか悪いことなのか、それを自分で考え判断できる人間を育てることこそが教育だ。政府に都合のいい考え方を一方的に刷り込むことは教育ではない。教育は不当な支配に服することなく行われなければならない（教育基本法16条）。「不当な支配」とは、政治権力による介入のことだ。教科書採択は、政治の介入を排除し、あくまでも現場教師の意見に基づいて行われるべきものなのである。

〝沖縄ヘイト〟
基地反対の民意へのバッシング

安田浩一

浸透するゆがんだ視線

栄町市場（沖縄県那覇市）のカウンターしかない小さな飲み屋で、地元紙の記者と歓談しているときだった。隣席の若者が私たちに話しかけてきた。

「新聞は本当のことを伝えてくださいよ」

本当のこととは何か——。私たちの問いに彼らは「外国勢力による沖縄侵略の危機」や「金目当ての基地反対運動」をメディアは報じていないのだと訴えた。

こうした〝議論〟に巻き込まれる機会は少なくない。

その少し前、ジャーナリズムの世界を目指す学生たちの沖縄研修旅行に〝講師役〟として同行したときもそうだった。戦争の痕跡や基地建設反対運動の現場をまわった後、研修の成果を問われたリーダー格の学生が、皆の前でこう答えた。

「沖縄の人は被害者意識が強すぎる」

別の学生がそれに同調して続ける。

「基地や戦争の被害ばかりを強調する人が多かった。もっと未来への希望を感じさせる話をしてほしかった」

沖縄戦を経験したお年寄りや、基地によって土地を奪われている人々が「被害」を口にするのは当然ではないか。苦痛を封印してまで、「本土」から来た人間に「未来への希望」を与える義理など、あろうはずがない。そもそも「被害」を押し付けてきたのは「本土」の側だ。沖縄がどれだけ民意を示してきても、それを無視し続けてきたのがニッポンだ。戦闘機の騒音を気にすることなく安眠してきた者が、被害を受けている側に「希望」を寄越せとは筋違いも甚だしい。あれほど時間をかけて県内各地をまわりながら、たどり着いた結論はそこなのか。必死に反論を試みたが、言葉が届いたという実感はない。

沖縄に向けられた歪んだ視線と、強いられた苦痛に対する無理解、そして排他の論理。沖縄へイトともいうべき空気が日本社会に漂っている。

むろん、それを促しているのは、差別と偏見とデマをまき散らしている無責任な大人たちであることは言うまでもない。

報道の名を借りたデマの流布

東京のローカル局、東京メトロポリタンテレビジョン（ＴＯＫＹＯ ＭＸ）が情報番組『ニュース女子』[▼1]で沖縄特集を放映したのは２０１７年1月2日だった。その前年の7月22日、沖縄・高江で米軍ヘリパッド建設に反対する人々を、全国から派遣された５００人もの機動隊員が強制排除し、工事を強行する事態があり、沖縄の基地建設問題は全国から注目が集まっていた。

リポーターを沖縄に派遣し、高江（東村）と辺野古（名護市）の新基地建設反対運動の「現場」を見てまわったとするものだが、番組は徹頭徹尾、悪意に満ちていた。

「反対運動に日当」「取材すると襲撃される」――。同番組で報じられたのは手垢のついたデマばかりである。最初から真剣に取材する気などなかったのではないか。そう受け取られても仕方のない内容だった。

そもそも取材らしい取材がまるでされていない。

街中で基地反対派による抗議行動を見かけても、「反対運動の連中はカメラを向けると襲撃してくる」として撮影中断。辺野古では、移動する車の中から窓越しに、基地建設に反対する市民が設置したテントを眺め、「うわあ、なんだなんだ！」と嘆声を上げるだけで素通り。しかも「沖縄・高江ヘリパッド問題の〝いま〟」と銘打った番組でもありながら、「軍事ジャーナリスト」を名乗るリポーターの井上和彦氏は肝心の高江に足を運んでもいない。名護市内のト

▼1　制作：ＤＨＣシアター（現・ＤＨＣテレビジョン）

ンネル手前で車を降り、「地元関係者」からヘリパッド建設現場が緊迫してトラブルになる可能性があるので撮影を中止すべきだと要請があったとの理由で、高江取材を断念。「羽田から飛んできたのに、このトンネル手前で足止めを食らった」と悔しそうな表情を見せ、カメラはトンネル入り口を映しながら、その先に暴力渦巻く闇があるかのような演出をする。

実は、トンネルを抜けても、高江にはまだ遠い。

リポーターが「足止め」されたと嘆く名護市の二見杉田トンネルから高江まで、私は実際に車を走らせてみた。

所要時間は約50分、走行距離は45キロだった。東京駅を起点とすれば、西は八王子、東は千葉までの距離に相当する。都心で起きた事件を千葉で〝立ちリポ〟する記者などいない。それでも同番組にかかれば「現場取材」となるのだ。要は「反対派連中」のありもしない〝暴力性〟を、具体的な根拠も示すことなく印象づけているだけなのだ。つまり散々煽っておきながら、肝心の「危険」な場面は何一つ撮っていない。

腰砕け、というよりは腰が抜けまくったかのようなテレビマンなど、鼻で笑われても仕方あるまい。

番組では北部訓練場の返還日などを間違えるといったファクトチェックの甘さも目立ったが、少しも笑うことができないのは、悪質なデマを流布させている点だ。

たとえば、普天間飛行場の周辺で「拾った」とされる「2万」とメモされた茶封筒を、地元では名の知れた〝保守系活動家〟から提供され、「反対派は日当をもらってる⁉」「反対派の人たちは何らかの組織に雇われているのか⁉」といったテロップやナレーションが流された。茶封筒がなぜ「日当」と結びつくのかの説明は一切なく、もちろん裏取り取材をした様子もない。

他にも――

・反対運動の現場には、地元メディア以外ほとんどのメディアが入れない

・反対派市民によって救急車による救護活動が妨害された

・警察の取り締まりがゆるいのは、県警トップが（辺野古新基地建設に反対する）翁長雄志知事だから

・基地建設反対運動には韓国人や中国人が交っており、参加者の多くは地元以外から来た部外者ばかり

といったことが報じられたが、いずれもネットで出回る怪しげな話ばかりだ。

反論するのも馬鹿馬鹿しいが、一応の指摘だけはしておきたい。

番組内で「茶封筒」を提供した沖縄の保守系活動家・手登根安則氏は私の取材に対し、「封筒は普天間飛行場近くで拾ったものだが、日当だと断言したわけでもない」「私は構成に関わっていないのでわからない」と、責任を番組側に押しつけるばかりだった。いずれにせよ、

「日当」を示す材料は何もないのだ。

また、番組が指摘した「救護活動への妨害」については、高江地区を担当する国頭地区行政事務組合消防本部が私の取材に対し、「そうした事例はない」と明確に否定した。

基地反対の市民に向けられる暴力

さらに現地へ足を運べばわかることだが、高江でも辺野古でも、運動に懐疑的なメディアも含めて自由に取材活動をしている。これまで報道関係者がひとりでも反対派の「暴力」でねじ伏せられたことなどあったのか。

むしろ、圧倒的な力によって組み伏せられ、どつかれているのは、市民の側である。緊張が高まれば衝突も起きる。機動隊員が市民らをごぼう抜きする光景は珍しくない。

ちなみに基地反対運動の現場では、右翼やネトウヨ集団の〝来襲〟、あるいは直接的な暴力にさらされることも珍しくない。

街宣車で乗りつけ、集団で反対派のテントに乱入し、そこにいた市民を殴って逮捕されたのは地元右翼団体のメンバーだ。この右翼団体の幹部にも話を聞いたが、「ぶつかりあうのは仕方ない」と開き直るばかりだった。そもそも辺野古で座り込む市民は右翼団体と「ぶつかりあう」ために集まっているわけではない。一方的に「ぶつかりあい」を仕掛けているのは右翼団体の側である。

それは「本土」からわざわざ乗り込んでくる差別者集団も同じだ。

在特会（在日特権を許さない市民の会）の元会長・桜井誠氏が率いる日本第一党のメンバー約30名による〝辺野古襲撃〟の現場に居あわせたことがある。2017年1月だった。

メンバーらは市民が座り込むテントの中にも入り込んで、「じじい、ばばあ」「くさい」などと罵声を飛ばす。まさに、やりたい放題だった。取材中だった私の姿を見つけて執拗にカメラを向けながら「安田は出ていけ」などとはやし立てるのは一向にかまわない。だが、無抵抗で座り込む高齢の市民に悪罵をぶつける態度は、いつものヘイト街宣そのものだった。そして彼らもまた「金で集められた連中」などと、ヨタを飛ばしては手を叩いてはしゃぎまわるのである。

差別者集団はこうしたことを幾度もくり返している。旭日旗を振り回しながら市民に向けて「非国民」「売国奴」「無法者」と絶叫し、「ここにいるやつらを撃ち殺せ」と殺戮を煽る。「無法者」はいったいどちらなのか。

「暴力の被害」を訴えたいのは、むしろ一方的に罵られる側の市民たちであろう。

さらに、反対運動の現場に少数ながら在日コリアンなどの参加者もいるのは事実だが、そこに何の問題があるというのか。実際には米国の退役軍人など、世界各国から人が集まっていることは多くのメディアが報じている。ことさらに「韓国人・中国人」を強調するところに、人種差別的な視点が透けて見えよう。番組では基地反対運動参加者には「北朝鮮が大好きな人もいる」と発言するコメンテーターもいて、〝ネトウヨ的〟言説が飛び交った。

後に判明したことだが、番組でリポーターを務めた井上氏は、この収録で現地沖縄に、わずか1泊しか滞在していなかった。取材クルーが取材を始めたのは16年12月3日の午後。那覇市内で打ち合わせを兼ねた昼食をとった後、辺野古を「車窓から撮影」。夕方に名護警察署前で「偶然に遭遇した」基地反対派をカメラに収めた。翌日は那覇市内でオープニング映像の撮影を行い、昼に休日で誰もいない普天間基地前からリポート。さらに那覇市内で昼食をとった後、井上氏は午後2時に帰京したのだという。

これが番組のいうところの「徹底取材」である。この間、基地建設に反対する市民には誰一人として取材していない。「不十分」どころか、何もしていないに等しい。右翼やレイシストの蛮行を無視した挙句、ネットで拾い集めたようなデマだけを垂れ流したのだ。

〝基地反対運動は「外国人に支配」〟デマ

差別と偏見に満ち満ちたデマ扇動は、番組放映後も〝沖縄ヘイト〟の常連者に引き継がれた。放映から1カ月後の2月24日、日本プレスセンター（東京都千代田区）において、「のりこえねっと辛淑玉氏等による東京MXテレビ『ニュース女子』報道弾圧に抗議する沖縄県民東京記者会見」がおこなわれた。名称が示す通り、これは番組内容が人権侵害だとしてBPO（放送倫理・番組向上機構）に申し立てした辛淑玉氏（番組でも運動の黒幕として名指しで批判されている）に抗議し、さらには一連の番組批判を「報道弾圧」だと訴えるものだった。

会見に臨んだのは「琉球新報、沖縄タイムスを正す県民・国民の会」代表運営委員の我那覇真子氏、「沖縄教育オンブズマン協会」会長で前出の手登根氏、「カナンファーム」代表の依田啓示氏ら沖縄県民と、衆院議員の杉田水脈氏、カリフォルニア州弁護士のケント・ギルバート氏の5人（肩書はそれぞれ主催者が発表したもの）。沖縄県民3人は、いずれも『ニュース女子』の沖縄ロケで番組側に協力、インタビューに答えた人たちだ。なお、司会進行は『沖縄の不都合な真実』（新潮新書）の著者で、評論家の篠原章氏が務めた。

会見では予想通り、基地反対運動における「外国・外国人支配」が語られた。

「高江に常駐する約１００名程度の活動家のうち、約30名が在日朝鮮人だと言われている」（我那覇氏）

「日本の安全保障にかかわる米軍施設への妨害、撤去を、外国人たる在日朝鮮人が過激に行うことが、果たして認められるものなのか」（同）

「運動の背景に北朝鮮指導部の思想が絡んでいるとすれば重大な主権侵害に当たる」

「在日朝鮮人たる辛淑玉氏に愚弄される謂れがどこにあろうか」（同）

「沖縄の基地反対運動のバックに中国が暗躍している」（杉田氏）

「大阪のあいりん地区の日雇い労働者をリクルートして沖縄に送り込んでいる」（同）

「反対運動に資金を出してるのは中国」（ギルバート氏）

記者席でメモを取りながらも、私は唖然とするしかなかった（ちなみに私は質問することを封じられた）。記者会見の場で、まるでネット掲示板の書き込みにも等しい言説が飛び交ったのだ。考えてもみれば『ニュース女子』も、「在日や他国に支配された基地反対運動」といった絵を描きたかったであろうことは間違いない。同番組の制作会社ＤＨＣシアター（大手化粧品会社ＤＨＣの関連会社）の吉田嘉明会長は、ＤＨＣのホームページに次のようなメッセージを寄せている。[2]

〈日本に驚くほどの数の在日が住んでいます〉、〈似非（えせ）日本人、なんちゃって日本人です〉、〈母国に帰っていただきましょう〉

コリアンルーツの人々を「似非」と決めつけ、差別を煽っているのだ。紛うことなきヘイトスピーチである。

人権意識の欠片も見ることのできない差別観を披露したくてたまらないのであろう。20年11月にも同じく自社の公式サイトで、またもや偏見に満ちた醜悪な文章が吉田会長名で掲載された。これは自社のサプリメントが競合他社よりも優れていると訴えたものだが、その内容は、ほとんど差別落書きに等しいレベルであった。

〈消費者の一部は、はっきり言ってバカですから〉としたうえで、競合他社のＣＭに起用されたタレントが〈ほぼ全員がコリアン系の日本人〉だと何の根拠も示すことなく断言し、さらに朝鮮半島出身者への蔑称まで用いて他社を中傷した。しかも自社の優位性に関し〈ＤＨＣは起用タレントをはじめ、すべてが純粋な日本企業〉とも記述。排他性をむき出しにした。

同社は韓国を始め、世界各国に代理店を置く国際的な企業である。そのトップが、引用すら憚られる差別ワードを堂々と自社の公式サイトに掲載しているのだ。

企業の社会的責任や最低限の倫理観すら放棄した行為だといえよう。けっして許されるもの

▼2　２０１６年2月12日付「会長メッセージ」

ではない。案の定、ＤＨＣの差別扇動は国内はもとより国外からの批判も招くこととなり、同社製品の不買を呼びかける運動も始まった。

こうした偏見が臆面もなく語られる企業によって制作されたのが『ニュース女子』という番組だったのだ。

ちなみに同番組や会見で語られたことの多くは、前出・篠原氏による著作や記事からの引用であった。後に篠原氏は番組の「取材不足」を認めながらも、私にこう話している。

「沖縄の歪んだ言論空間に一石を投じる意味はあった」

仮にそうした目的があったとして、しかし、虚偽の積み重ねが正当化されるわけがない。番組が社会に持ち込んだのはデマと憎悪に縁どられた、まさに「歪んだ」言論だった。

その後、ＢＰＯは番組に対し「重大な放送倫理違反があった」との意見書を発表、事実上の〝デマ番組〟だったことが認められたわけだが、〝沖縄ヘイト〟のうねりは収まらない。琉球処分の時代から続く沖縄への蔑視は、リニューアルを重ねながら様々な形で醜悪な姿を見せつける。

被害者へ向けられる〝自作自演〟の中傷

普天間基地に隣接する緑ヶ丘保育園（宜野湾市）の屋上に米軍ヘリコプターの部品が落下したのは17年12月7日のことだった。地元メディアはこれを大きく報じ、保育園の職員、子どもを通わせている保護者からは一斉に米軍を非難する声があがった。

だが、事態は関係者のだれもが予想もしなかった方向に流れていく。在沖米軍は保育園の敷地で見つかった物体を大型輸送ヘリCH53Eの部品であることは認めつつも、「飛行中の機体から落下した可能性は低い」との見解を示した。これを受けて保育園側は地元メディアに対して「米軍機は保育園の上空を飛ばないでほしい」とコメントした。その瞬間から「事故を自作自演した」といった誹謗中傷の声が押し寄せるのであった。

事故の翌日――保育園の電話が鳴った。園長の神谷武宏氏が受話器をとると、男性の怒鳴り声が響いた。

「デタラメを言うな！」

男性は神谷園長の言葉を待つでもなく、「自作自演はやめろ」と続けたのち、一方的に電話を切った。

これが始まりだった。以来、こうした電話が鳴りやまなかった。いずれも神谷園長や保育園を罵倒するか、さもなくば無言だ。

「反日」「嘘をつくな」「やらせだろう」――。被害当事者であるにもかかわらず、言葉の刃が向けられる。

「昼夜問わずに電話がかかってくる。怒鳴りまくって、こちらの話を聞く前に電話を切るというパターン。受ける側とすれば疲弊するだけでした」（神谷園長）

事故直後は中傷メールも相次いだ。

〈反日保育園〉

〈事故ではなく捏造事件だろうが！〉
〈日本に楯突くならお前が日本国籍を放棄して日本から出て行け！〉
「部品落下も怖いが、被害を疑うどころか、寄ってたかって被害当事者をつるし上げるような社会の空気感も怖い」

神谷園長はわたしにそう訴えた。その通りだ。被害者が被害を訴えると叩かれる。虐げられてきた者、権利の侵害を受けてきた者が何かを主張すると、バッシングにあう。イジメの論理が新たな苦痛を呼び起こす。

だが、国もメディアも、その多くは無関心を貫く。

この数年、沖縄では米軍機の不時着や部品落下が相次いでいる。16年12月、名護市安部(あぶ)の海岸にオスプレイが墜落した際、在沖米軍トップのローレンス・ニコルソン4軍調整官は「住宅や県民に被害を与えなかったことは感謝されるべきだ」と述べただけでなく、県の抗議に不快感さえ示した。沖縄県民の命が軽視されているとしか思えないが、さらに問題なのは、日ごろから「国民の生命、財産、安全を守る」と豪語している政府が、あるいは安全保障を熱く語る一部の愛国者が、米軍の不適切としか思えない物言いをすんなり受け入れているばかりか、それに歩調を合わせ、被害当事者には冷淡であり続けることではないのか。

たとえば政治評論家の竹田恒泰氏はネットの報道番組に出演した際[▼3]、米軍の不時着に関し「街を避けて降りてるというのは高い倫理観と正義感に基づいている」としたうえで、「拍手喝采もの」「よくぞ、ちゃんと不時着した。さすが米軍の軍人だと言わなければいけない」など

▼3 『真相深入り！虎ノ門ニュース』2018年1月11日

と称賛している。

この無邪気さは何なのか。この人は保守を自称しているが、いったい誰を何から保守すべきと考えているのか。

結局、社会の一部には「沖縄だから仕方ない」、「沖縄は我慢すべきだ」といった意識があるのだろう。人権は沖縄の前で立ち止まる。

そして、声を上げると「生意気」だと突き放される。

無視される沖縄の声、憎悪をけしかける政治家・著名人

取材の過程で〝沖縄ヘイト〟に触れるたび、私の中で一つの風景がよみがえる。

13年1月27日。沖縄の首長や県議たちが東京・日比谷公園に集まって集会を開き、その後、オスプレイ配備反対を訴えるデモ行進をおこなったときのこと。

デモの隊列が銀座に差しかかったとき、沿道に陣取った者たちからデモ隊に向けて飛ばされたのは、罵声と怒声、そして嘲笑だった。

「非国民」「売国奴」「中国のスパイ」「日本から出ていけ」――。日章旗を手にした在特会メンバーを含むレイシスト集団が、まさに「反沖感情」を露骨にぶちまけたのである。

この日、デモ隊の先頭に立っていたのは当時那覇市長だった翁長雄志氏（故人）だった。翁長氏は後に、「差別者集団よりも、同じ日本国民である沖縄県民が罵声を浴びせられているな

NO OSPREY 東京集会　対政府要請行動

2013年1月27日、沖縄県全41市町村の首長・議長、県会議員・市町村議員、国会議員らが東京に集まり、集会とデモ行進を行った。翌28日には翁長雄志那覇市長（当時）らが首相官邸を訪れ、オスプレイ配備撤回、普天間基地の閉鎖・撤去、県内移設断念を求める「建白書」を安倍首相（同）に手渡した。

上「NO OSPREY 東京集会」（2013年1月27日　東京・日比谷野外音楽堂）
4000人（主催者発表）が参加。翁長雄志那覇市長（当時）は「どうか日本が変わってほしい。オール沖縄で希望と勇気をもって立ち上がった。私たちは基地で飯を食べているのではない」「沖縄は国に甘えていると言うが、国が沖縄に甘えてるのではないのか」などと訴えた。

下　上の集会後、日比谷公園から東京駅までデモ行進が行われた。「県内移設も絶対反対」「沖縄差別はもうやめろ」などのシュプレヒコールをあげるデモ行進に対し、日の丸の旗を掲げた者たちが罵声・ヘイトスピーチを浴びせた。（編集部）

写真提供＝リブ・イン・ピース☆9＋25

か、それを無視している人びとに憤った」と話している。

ヘイトスピーチの問題を取材してきた私は、デモ隊を小馬鹿にしたように打ち振られる日章旗を見ながら、沖縄もまた排他と差別の気分に満ちた醜悪な攻撃にさらされている現実に愕然とした。沖縄が敵として認知され、叩かれる――よりわかりやすい形で沖縄は差別の回路に組み込まれていた。

そのとき、あらためて確信した。ヘイトスピーチと沖縄バッシングは地下茎でつながっている。不均衡で不平等な本土との力関係のなかで、「弾除け」の役割だけを強いられてきたのが沖縄だった。いまや一部の日本人からは「売国奴」扱いされるばかりか、「同胞」とさえ思われていない。

そして、差別の旗を振り続け、憎悪をけしかける者たちがいる。

「(普天間基地は)もともと田んぼの中にあり、周りは何もなかった。基地の周りに行けば商売になると、みんな何十年もかかって基地の周りに住みだした」――

自民党の勉強会[4](15年)における人気作家・百田尚樹氏の発言は記憶に新しい。ネットで流布されるデマが、差別を正当化するための素材として用いられるという点では、手垢のついた「在日特権」なる妄想と構図は重なる。

普天間基地のある場所は、戦後まもなく米軍が強制接収するまで、いくつもの集落があり、宜野湾の中心地であり続けた。かつての住民や郷土史を調べれば即座にわかることが、差別と偏見のフィルターをくぐると、醜悪な物語を新たに生み出してしまう。いや、意図的に作り替

▼4 自民党本部で2015年6月25日に開かれた憲法改正を推進する勉強会「文化芸術懇話会」。若手国会議員ら約40人が参加。

えられる。ちなみに、百田氏は安倍晋三前首相と個人的にも親しい関係であることが知られている。また百田氏は『ニュース女子』の制作会社ＤＨＣテレビジョンが制作するネット番組『真相深入り！ 虎ノ門ニュース』のレギュラー出演者であり、同番組には首相時の安倍晋三氏が何度もゲスト出演していた。そしてこの自民党勉強会に参加していたのも、安倍首相に近い自民党の若手国会議員が中心だった。

振り返ってみれば沖縄にとってこのような「差別」は目新しいものではない。

「百田発言」を知ったとき、私が真っ先に思い出したのは、米国務省日本部長を務めたケビン・メア氏のことだった。

２０１０年12月、アメリカン大学でおこなった講演で、彼はこう述べている。

「問題となっている沖縄基地は、もともとは田んぼの中にあったのだが、沖縄人が米国の施設の周りを取り囲む形で市街化することを許して、人口が増加したので、いまでは街の真ん中に位置するようになってしまった」

「沖縄人は東京政府を『あやつり』『ゆする』名人なのだ」

百田氏がこれを知っていたかどうかはともかく、ケビン発言がネットに飛び交う風説のネタ元の一つとなっていることは間違いなかろう。だが、メア発言を援用したかのような言説はその後も各所で相次いだ。

「沖縄の自立をじゃましているのは、こういうふうにいつまでも戦争の古い話を持ち出して本土にたかる人々と、それに甘える県民です」▼5（経済評論家・池田信夫）

▼5　２０１４年12月29日、ネットメディア『アゴラ』掲載「沖縄県知事は『ゆすりの名人』なの?」http://agora-web.jp/archives/1626282.html

「日本政府は沖縄を優遇しすぎている。沖縄の気質は、韓国に似ていると思います。彼らのいっていることは、つまるところ『本土はカネをよこせ』ですから」[6]（室谷克実）

「日本は懸命に守った。特攻を繰り出し、戦艦大和も出した。それを『捨石にされた』と恨み言をいう。被害者意識は朝鮮の言う『七奪』より酷い」[7]（髙山正之）

ここまで蔑まれながら、しかし沖縄は、一方的な基地負担を強いられている。なんと理不尽なことか。

その無念と憤りを世界に向けて発信したのが、東京の路上で罵声と中傷を浴びせられた翁長氏だった。

ジュネーブで開催された国連人権理事会（15年9月21日）。演説の機会を得た翁長氏は訴えた。

「ないがしろにされている」

沖縄が置かれた現状を、翁長氏はそう表現した。定められた2分間という短い時間のなかで、あえてこの言葉を2度用いたところに、自らの未来を自らが望む方向に決めることができない無念が表れていた。本土から軽んじられ、蔑まれてきた、沖縄県民の悲痛な叫び声でもあった。そばで見ているだけの私にも、翁長氏の静かな怒りと決意が伝わってきた。

演説の終盤、翁長氏は声を張り上げた。

「自国民の自由、平等、人権、民主主義、そういったものを守れない国が、どうして世界の国々とその価値観を共有できるのでしょうか」

端的に言えば、翁長氏は沖縄への「差別」を問うたのだ。民主主義を掲げながらも人権を

▼6 『韓国人がタブーにする韓国経済の真実』共著者・三橋貴明／ＰＨＰ研究所、２０１１年

▼7 『週刊新潮』２０１５年８月13日・20日号

「ないがしろ」にする日米両国政府を撃ったのだ。

しかし、撃たれたはずの政府は、なおも沖縄を無視し続ける。選挙や県民投票で「辺野古基地建設反対」の民意を示しても、政府は微動だにしない。いや、なんら痛痒を感じることもなく、沖縄県民の感情を逆なでするかのように基地建設を進める。ネトウヨ並みの差別扇動、デマの流布にも加担する。

18年の名護市長選で、「(辺野古基地建設に反対する候補が市長になれば)日本ハムがキャンプ地としての名護から撤退する」とデマを飛ばしたのは誰だったか。19年の沖縄県知事選で、玉城デニー氏(現知事)の「大麻疑惑」を煽ったのは誰だったか。あるいは、翁長氏存命中に、「翁長は中国の工作員」だとガセ情報を流したのは誰だったか。

政府与党の議員からネトウヨまで、レイシストの隊列にある者たちが、これらデマを大合唱したのである。

「沖縄差別」という危機

２０１６年10月、高江(沖縄県東村)の米軍ヘリパッド建設工事に反対する市民に向けて、大阪府警から派遣された機動隊員が「土人」と暴言(というよりもヘイト発言)を放つ〝事件〟が起きたことも忘れられない。

地元メディアをはじめ、全国で暴言に対する批判の声も上がるが、一方で、機動隊を擁護する向きも少なくなかった。その典型が大阪府・松井一郎知事（当時）の発言だった。

「ネットでの映像を見ましたが、表現が不適切だとしても、大阪府警の警官が一生懸命命令に従い職務を遂行していたのがわかりました。出張ご苦労様」

〝事件〟の翌日、松井氏は自身のツイッターにそう書き込んだ。さらに囲み取材でも「売り言葉に買い言葉」「混乱を引き起こしているのはどちらなのか」と、まるで基地建設に反対する市民の側に責任を求めるように発言した。機動隊員を擁護し、差別的な暴言を容認するかのような姿勢を示したのである。

これに関係し、ほとんど報道されていないもう一つの〝事件〟があった。

松井氏が囲み取材で機動隊員を擁護したその次の日、大阪モノレール門真市駅の男子トイレで落書きが見つかった。個室内、便器横の壁面である。黒マジックでこう書かれていた。

〈Osaka Pref 公認　New Word　土人　エタ　ヒニン　朝賤人　シナ人〉

これらの文字は括弧で囲まれ、その横にはさらに「ポア」と記されていた。

「土人」が大阪府公認の〝新語〟であり、「シナ人」などと一緒に「ポア（殺害）」すべき存在だと訴えるようにも読める。

利用者からの通報を受けた駅係員は即座にトイレを使用禁止とし、市に連絡。翌日には市人権女性政策課の担当者らが現場を確認し、市長に報告した。市の対応は迅速であったが、その詳細は市民らに知らされていない。

「文脈から判断すれば、この落書きが沖縄における機動隊員の『土人』『シナ人』発言に由来することは一目瞭然です」

そう憤るのは同市の戸田久和市議（当時）だった。

「タイミングを考えても、落書き犯が松井発言に煽られたことは間違いない。だからこそ落書きには〝大阪府公認〟の記述があったのでしょう。実際、知事の発言は差別を公式に容認したかのように受け取られても仕方のない内容です。行政トップが差別の扇動に手を貸すとは情けない」（戸田市議）

差別に対し敏感でなければならない行政にして、これである。

もはや建前からも沖縄は見放される。

ちなみに「土人発言」があった際、私は某テレビ局の情報番組でコメントを求められた。許しがたいヘイトスピーチであり、これは偶発的なものではなく、日本社会の沖縄に対する差別と偏見が引き起こした事件であると話したのだが、スタジオの反応はとことん冷たかった。

司会者は私に向けてこう告げた。

「沖縄差別というのは間違いですよ。本土の人は沖縄を好きな人が多い。いまどき、差別なんてありません」

差別者が差別を自覚することはない。出演した私が得たのは、その確信だけだった。

自称「愛国者」たちは沖縄の危機を訴える。外国勢力に乗っ取られると警鐘を鳴らす。国が、行政が、メディアが、差別の燃料を与え続ける。

危機にあるのは安全保障ではない。沖縄の主権と人権である。そして、一つの地域が「強権」に脅かされていることを容認したとき、きっと社会全体が壊される。
沖縄ヘイトは、あらゆる差別と地続きなのだ。

沖縄から日本の民主主義を問う
「復帰」に込めた理念と現状

新垣 毅

「加害米兵を引き渡せ」。１９７０年12月20日未明、コザ市（現沖縄市）胡屋（ごや）。道路を横断中の男性が米兵運転の車にはねられた事故をきっかけに、集まった大勢の住民が米人車両を次々に焼き、基地内にも入って事務所や米人学校にも火をつけた。後に「コザ騒動」や「コザ暴動」と称される住民の蜂起である。

騒動はベトナム戦争の影響もあって頻発していた米兵犯罪を背景に起きた。この年の５月には女子高校生刺傷事件、９月には米兵の酒酔い運転による主婦れき殺事件などが相次いでいた。れき殺事件で軍法会議は、12月11日に証拠不十分として容疑者に無罪を言い渡し、米軍に対する沖縄の人びとの怒りは高まっていた。騒動が起きたのは、その９日後だった。

そのころ、基地従業員の数千人規模の大量解雇があり、米軍基地従業員でつくる労組である全軍労（全沖縄軍労働組合）はストを打って米軍と激しく闘っていた。大量解雇の発表は、日本復帰後も沖縄に米軍基地が残ることが示された「沖縄返還協定」に日米両政府が合意[1]した直後のことだった。沖縄の労組が結集する県労協は全軍労と連帯し、翌71年4月15日、「沖縄返還協定粉砕」も訴えて統一ストを打つ。

▼1　1969年11月21日の「佐藤・ニクソン共同声明」

具志川市（現うるま市）で米兵が下校途中の女子高校生を切りつけ重傷を負わせた事件（1970年5月）に抗議する高校生ら。（1970年6月6日）写真提供＝読谷村

酒気帯び・スピード違反で米兵が運転する車に、歩道を歩いていた主婦の金城トヨさんが轢き殺された事件に対する抗議集会。（1970年12月16日　糸満市）写真提供＝読谷村

米軍人による交通・人身事故へのMP（ミリタリーポリス）の対応に抗議した市民に対し、MPが威嚇発砲。これに怒った住民が米軍車両約80台を焼き打ちした。（1970年12月20日　コザ市〔現沖縄市〕）玉城哲夫氏撮影、写真提供＝那覇市歴史博物館、『大琉球写真帖』より

全軍労の闘いは、コザ騒動で爆発した民衆の「怒り」の後押しを受け、共感を得ながら矛先を沖縄返還協定に向けた「5・19ゼネスト」に発展した。「沖縄返還協定粉砕」を掲げた復帰協（沖縄県祖国復帰協議会）主催のゼネストには17単組5万3800人が参加し、24時間全面ストを打った。時限ストを含めると10万人規模に及び、小中高校、大学も休校した。

日米の思惑

しかし、その約1カ月後の71年6月17日、返還協定は日米政府によって、ついに調印される。この協定によって「人権侵害の根源」である米軍基地はほとんど残り、米軍の「自由使用」が続くだけではなく、沖縄防衛の責任を徐々に負うことになった日本側の対応として、返還後6カ月以内に陸海空の自衛隊約3200人を沖縄に配備することも決まった。日本側は対米請求権を原則放棄した。戦後接収されて米軍基地になり、その後に返還される土地の原状回復費は米国が「自発的に」支払うと明記した。

だが71年12月、原状回復費400万ドル（約12億円）を、日本が肩代わりする密約（沖縄返還密約）が発覚。後に、有事の際に沖縄へ核を再度持ち込む密約も判明した。

米国は「現存の核兵器貯蔵地、すなわち嘉手納、那覇、辺野古、ナイキ・ハーキュリーズ基地」を、いつでも使える状態にしておき、有事の際の活用を求め、日本側は了承した。日本の非核三原則〈持たず、造らず、持ち込ませず〉は、沖縄の場合は蚊帳の外だった。

さらにニクソン米大統領は当時、海外からの廉価な繊維製品流入で苦しむ米国内の繊維業界の問題を返還交渉と絡め、日本に米国への繊維輸出の自主規制を求めた。これに佐藤首相は「善処」を約束する。いわゆる「糸（繊維）と縄（沖縄）」の取り引きだ。

「沖縄処分」

「復帰の内容を見ますと、必ずしも私どもの切なる願望が入れられたとはいえない」。沖縄が日本に復帰した当日の72年5月15日、那覇市民会館で開かれた沖縄復帰記念式典で屋良朝苗主席▼2は強い不満を示した。すぐ隣の与儀公園ではその日、5・15県民大会が開かれた。参加者は民意を無視した内容・手続きに「沖縄処分だ」と抗議の声を上げた。

一方、国会は基地の整理縮小への努力を政府に求める決議をしたが、日米政府は沖縄返還を機に、沖縄に基地を集中させる形で在日米軍を再編成した。69年から70年代中ごろまでに、本土の米軍基地は3分の1まで減ったが、在沖米軍基地はほとんど減らなかった結果、在日米軍専用施設の約75パーセント（当時）が沖縄に集中する差別状態が生まれた。沖縄に基地を集中させることで、日米安保が全国的な政治の争点になるのを避けたのだ。

復帰により、県民に基地の存在を「黙認させる役目」は日本政府に移った。政府は軍用地料を平均6倍に引き上げ、振興策では多額の財政資金を投入、復帰後の沖縄経済は公共事業・中央財政依存の体質を強めていった。

▼2 「主席」とは、日本復帰前の琉球政府の長である「行政主席」のこと。米軍統治下の行政主席は、68年まで公選制ではなかったが、初の公選で屋良朝苗氏が当選した。また屋良氏は72年復帰後初の沖縄県知事に当選。76年まで知事を務めた。

佐藤栄作首相訪米抗議スト（1969年11月13日　場所不明）写真提供＝読谷村

「もともと私たちは沖縄の基地を容認していません」。復帰3年前の1969年11月10日午後3時50分、首相官邸。屋良朝苗主席は佐藤栄作首相を前に、立ち上がって文書を読み始めた。驚いた首相は「座ったままどうぞ」と言ったが、屋良氏は「沖縄からの最後の声です。重要なことですから」と立ったまま文書を読み続けた。9日後にニクソン大統領との会談を控えていた首相に、沖縄の即時無条件全面返還や沖縄基地の自由使用・攻撃兵器の発進不許可などを求めたのだ。

13日、沖縄では佐藤訪米抗議統一ストが行われた。16労組が朝から24時間スト、42労組が時限ストや年休行動をとり、官公庁や学校、市町村、民間企業の一部の機能がまひした。那覇市の与儀公園で開いた「核つき、基地自由使用返還をたくらむ佐藤訪米反対、一切の軍事基地撤去、安保廃棄」を求めた県民大会には5万7千人が参加し「核つき、基地自由使用返還は新たな差別と屈辱をもたらす」と糾弾した。

しかし、21日に発表された日米共同声明は「72年返還」を明記したものの、沖縄の基地の保持に合意した内容だった。米国は基地の最大限の自由使用を確保し、日本側はそれを認めた。「平和な島を建設したいという県民の願いとは相いれない」。屋良主席は返還後も基地が残ることに不満を表明。復帰協は「復帰は当然だ。基地の問題は納得できない」と反発した。26日に与儀公園で開かれた共同声明に抗議する県民大会には2万人が参加した。

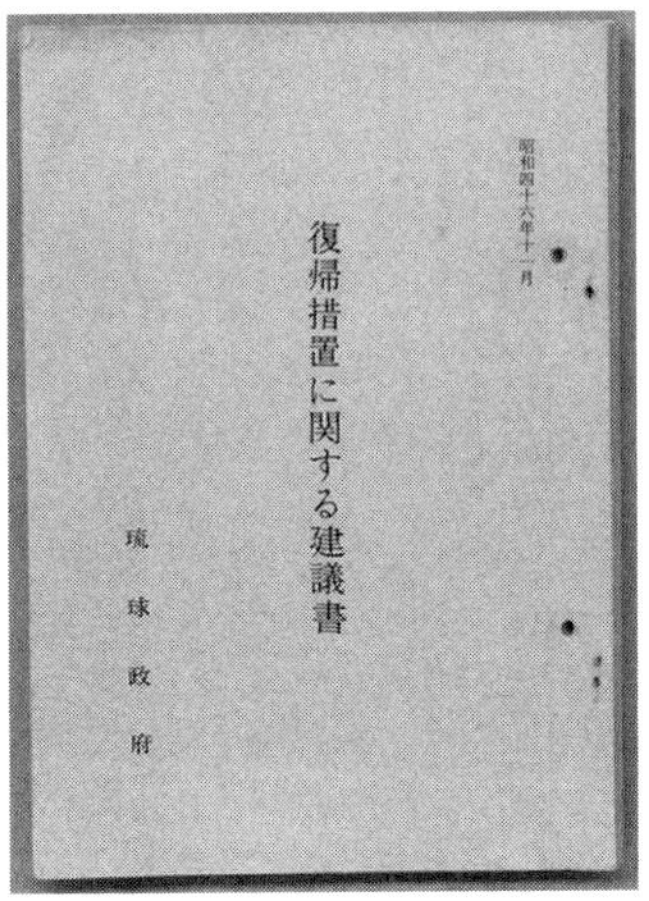

『復帰措置に関する建議書　昭和46年11月』沖縄県公文書館所蔵

建議書

71年10月15日、屋良主席は政府が閣議決定した復帰関連7法案の総点検を琉球政府職員に指示する。点検作業は「復帰措置の総点検＝『琉球処分』に対する県民の訴え」という文書にまとまり、最後は「復帰措置に関する建議書」（屋良建議書）と題して結実する。地方自治の確立、反戦平和、基本的人権の確立、県民本位の経済開発を基本理念に据え、132ページに及ぶ。基地撤去を前提に、沖縄が自己決定権を行使し、新しい県づくりに臨む考えを盛り込んだ。

復帰関連法案では振興開発計画の策定権者は国になっていたが、建議書は「地域住民の総意」を計画に盛り込むことを求め、国は地方自治体が策定した計画を財政的に裏づけるための「責務を負う」と唱った。県民意思に基づく計画が大前提だとくぎを刺したのだ。米軍基地に対しては、県民の人権を侵害し、生活を破壊する「悪の根源」と指摘し、撤去を要求。同時に自衛隊の沖縄配備にも反対した。

11月17日午後3時16分、衆院沖縄返還協定特別委員会は、怒号と罵声の大混乱の中、返還協定を抜き打ちで強行採決した。沖縄での公聴会はなく、参考人も呼ばず、審議はわずか23時間。この日、質問に立つ予定だった沖縄選出の安里積千代（あさとつみちよ）、瀬長亀次郎両議員の質問は封じられた。施政権返還前に沖縄選出議員の国政参加が実現したのは、協定の審議に加わるためだったが、沖縄自らの運命に関わる重大局面で、沖縄代表と県民の声は無視された。

「めちゃくちゃだ」。午後3時17分、屋良主席は建議書に込めた「沖縄最後の訴え」を国会に届けようと、東京・羽田空港に降り立っていた。ホテルで記者団から採決を知らされ絶句した。その日の日記に屋良主席はこう記した。

「党利党略のためには沖縄県民の気持ちと云（い）うのは全くへいり（弊履＝破れた草履）の様にふみにじられるものだ。沖縄問題を考える彼等の態度、行動、象徴であるやり方だ」

日本復帰運動の変容

沖縄の組織的な日本復帰運動は１９５１年から始まる。一時停滞するものの、60年4月の祖国復帰協議会が発足してからは72年の復帰まで活発に展開された。米軍の圧政下で基地建設のために住民の土地は奪われ、基地から派生する事件事故の被害も深刻化していく〝米軍のやりたい放題〟のもと、「祖国復帰」は、米軍に対する抵抗の旗印となっていった。

その20年余のあいだに、運動の中で目指すべき「祖国復帰」の概念と力点は変容する。終戦直後から50年代初めは「沖縄人は日本人だから、子が親の家に帰るがごとく」という民族主義的な色彩が強かった。その後、米軍基地建設をめぐる土地闘争を経て、住民の権利意識は高まり、沖縄の軍政に比べてさまざまな権利を保障している日本国憲法への復帰が強調され、人権や自治権などの権利獲得を目指すようになる。それに加え、60年代中盤以降はベトナム戦争の激化を背景に「反基地」を明確にするとともに、日本国の枠組みを超え、アジアの平和や共生も志向する「反戦復帰」へと発展する。

このように、「復帰」の意味は、素朴なナショナリズムから、人権、自治権、平和、共生などの普遍的価値の獲得を目標とする内容に重点を移していった。この過程で運動の要求は、単に「日本に帰る」のではなく、人権や自治などの権利を保障し、かつ基地も撤去せよというものに高まりを見せた。

家を破壊された伊江島の農民（1955 年頃） 写真提供＝（一財）わびあいの里

銃剣とブルドーザー

▶ 1952年のサンフランシスコ講和条約発効後、米国民政府は地主と賃貸借契約を結ぼうとした。しかし、契約期間が20年と長期であることと、賃料のあまりの安さに、契約に応じる地主はほとんどいなかった。

1953年米国民政府は「土地収用令」を公布して、真和志村（現那覇市）銘刈・具志、宜野湾村（現宜野湾市）伊佐浜、伊江村真謝などで強制的な土地接収を開始。米兵は銃剣で武装し、ブルドーザーで家屋を押しつぶしていった。（編集部）

このため、基地を残したままの施政権返還に対し「沖縄の要求が反映されていない」との批判が噴出し、70年前後には「祖国復帰」を根本的に問い直す議論が活発化した。その議論は復帰後、自立論につながっていく。以下、その歴史的プロセスを概観する。

民族主義から憲法へ

「われわれは祖国を持ちながら、その意志に反して民族的孤児となり、他国の行政下に置かれている。これはまさに奇形的な姿であり、民族的な悲劇である」

53年1月に結成した沖縄諸島日本復帰期成会は、こう訴えた決議文を首相や本土各政党宛てに送った。「沖縄人は日本人と同じ民族である」ことを前提に、復帰を求めたのだ。

運動の指導者たちの多くは、教職員など戦前の皇民化教育・日本人への同化政策の担い手でもあった。復帰要求の理念には、琉球国併合（「琉球処分」）後の「沖縄人」から「日本人になる」という志向・意識の持続性が見られる。本土日本人による戦前・戦中の沖縄人差別は「日本帝国主義」によるものであり「戦後の日本は民主憲法の下で生まれ変わった」という〝希望的観測〟も働いていた。

その後、50年代中盤からはじまる米軍による土地接収は「人権問題」としてクローズアップされる。これが島ぐるみ闘争に発展すると、「民主主義獲得」という目標も前面に打ち出される。米軍の土地強制接収に対する土地闘争の経験は、復帰運動に新たな展開をもたらした。50年

強制的に土地を接収され演習地とされた土地でノボリ（「金は一年土地万年」）を立て農耕する伊江島真謝の農民。写真提供＝（一財）わびあいの里

▶家も田畑も奪われた真謝区民の80%が栄養失調となり、主婦数人が死亡した。農民たちは、生きるために接収された土地に入り、爆撃演習下で農耕を開始した。米軍は、耕作をやめようとしない農民をカービン銃で撃ち追い払い、農地にガソリンをまき、農作物を焼き尽くした。死傷者と80数名の逮捕者を出した。

家と土地を奪われた伊江島の農民は、実情を訴えるために「乞食行進」を開始。1955年7月、那覇の琉球政府前を出発し、7カ月間をかけて全島をくまなく歩き通した。写真提供＝（一財）わびあいの里

▶ 1956年、米議会に報告された「プライス勧告」には、沖縄の基地の恒久化の方針が示されていた。そのため、軍用地問題は、「土地を守る四原則」（「軍用地使用料の一括払い反対」「適正補償」「損害賠償」「新規接収反対」）を掲げた沖縄全島挙げての「島ぐるみ闘争」へと発展していった。（編集部）

代後半、反基地運動の高まりで本土の米軍基地が縮小されるのに伴い、沖縄の基地が強化されるという「しわ寄せ」が起こると、沖縄では本土日本人への反発や断絶感が湧き起こる。

60年4月の沖縄県祖国復帰協議会（復帰協）の結成以降、「復帰」の考え方は期成会のときとは微妙に変化する。「日本人になる」という民族意識は後退し、日本国憲法を勝ちとることで「人権擁護」や「民主主義」を実現するという性格が強まっていく。

さらに、国連で採決された植民地独立宣言を引用し「復帰」を強く求めた立法院の決議（62年の「2・1決議」）を起点に、人権擁護と自治

『日本政府衆参両院への陳情要請書　1962年』沖縄県公文書館所蔵

▶1962年2月1日、琉球政府立法院は、国連の植民地解放宣言を引用して、「沖縄に対する日本の主権がすみやかに完全に回復される」ことを求める「施政権返還に関する要請決議」を可決した（「2.1決議」）。

上の写真右頁には、「国連憲章の信託統治の条件に該当せず、国連加盟国たる日本の主権平等を無視し、統治の実態もまた国連憲章の統治に関する原則に反するものである。／われわれは、米国がいかなる国も他の民族をその意思に反し支配してはならないという国連憲章の大精神にのっとって、国際情勢の如何をとわず、沖縄の施政権をすみやかに日本国に返還されるよう強く要請する」とある。（編集部）

権獲得の要求は一層強まった。沖縄の米国民政府に任命されていた主席の公選や国政参加を求める運動は、「第二の島ぐるみ闘争」と呼ばれるほど大きな盛り上がりを見せた。

63年3月、キャラウェイ高等弁務官による「沖縄の自治は神話」発言や強硬政策（キャラウェイ旋風）はその運動の火に油を注いだ。親米的だった与党・沖縄自民党は内部で混乱が生じる。64年6月に自民党は分裂して新しく結成された民政クラブは、野党や民間53団体と連携する。

各市町村議会は相次いで「主席公選」「日本復帰」を決議、高等弁務官の直接統治に抗議した。キャラウェイは同年8月に更迭（こうてつ）され、大田政作主席も立法院から賛成多数で「即時退陣」を要求された。

「反戦復帰」の高まり

60年代後半のベトナム戦争の激化と、沖縄の基地の重要性を表明した69年の日米共同宣言が復帰運動の変質を促す。沖縄はベトナム戦争の前線基地となり、米軍の戦略爆撃機B52の飛来や爆音、環境汚染、米兵犯罪の増加などで住民の不安が強まった。

この事態に対し琉球政府立法院は65年7月30日、「戦争行為の即時取り止めに関する要請決議」を全会一致で可決した。決議は「沖縄の米軍基地がベトナムへの出撃基地となり、沖縄が直接戦争の渦中に巻き込まれることは、県民に直接戦争の不安と恐怖を与え、単に沖縄の安全ばかりでなく、本土の安全をも脅かす」と論じた。

米国のアジア戦略に日本が深く組み込まれるなか、復帰運動は「基地反対」を明確にし、「反戦平和」のスローガンを前面に打ち出すようになる。67年以降、復帰協は「即時無条件全面返還」を統一スローガンに掲げ、同年11月の県民大会で「基地を撤去しない限り、沖縄の祖国復帰が実現できない」という日米両政府への抗議文を採択した。

しかし、広大な米軍基地が残ったまま、沖縄は日本に「返還」された。当時の沖縄の人びとが望んだ形の「復帰」ではなかった。

祖国復帰要求県民総決起大会でスピーチをする屋良朝苗氏（1969年4月28日　場所不明）写真提供＝読谷村

米国は、本土で起きた安保闘争と復帰運動が結合した運動が激化することで基地機能の維持が困難な事態に陥るのを恐れた。施政権返還が「合理的」と判断、その実現で事態を回避した。一方で米国が目指したのは沖縄基地の恒久化だ。沖縄住民にとっては「非合理」な基地集中による被害は変わらず、人権や自治権保障など、沖縄の要求との矛盾は根深く残ったままとなった。

一方、日本政府は米軍基地の

「自由使用」に積極的に協力する。有事の際の核兵器持ち込みや軍用地の原状回復費の肩代わりなどの密約の存在は、自国民の意思をないがしろにしてでも米国の利益に奉仕する姿勢が垣間見える。

広大な米軍基地が残ったままの「復帰」に対する沖縄住民の反発は大きかった。沖縄の意思が尊重されない、自己決定権のない沖縄のあり方を含め、復帰を問い直す議論が活発化した。その議論は米軍基地関連収入に依存しない沖縄像を模索し、自治論や経済的自立論など多岐にわたって「沖縄の自立」を模索した。

そして現在、沖縄では「自己決定権の確立」が、より強く叫ばれるようになった。2019年2月の辺野古埋め立ての是非を問う県民投票は、自己決定を志向する意思の表れであり、「復帰」に込めた願いが裏切られた後に「復帰」を問い直してきた沖縄の歴史の到達点とみることができる。

歴史認識の差

こうした沖縄の戦後史を理解している本土の国民はどれだけいるだろうか。現在、米軍普天間飛行場の返還や、名護市辺野古への移設をめぐる問題で、国と沖縄県が裁判闘争をくり返す異常事態は、こうした戦後史を経て起きた象徴的出来事である。辺野古新基地建設を推し進める政府側、その施策を支持する人びとは、沖縄の人びとが人権保障や民主主義、自治などの権利を求めて闘ってきた民主化運動の歴史に無理解か、無視をしているように映る。

国連の人権規約は、沖縄の人びとのような集団の自己決定権を最大限に重視する人権の一つに位置づけている。集団の自己決定権が侵害されれば、個人の人権が侵害される可能性が極めて高いという考え方があるからだ。米軍基地の撤去あるいは整理縮小を求めてきた沖縄の意思が重要な政策決定に反映されず無視されることで、米軍基地は現状と変わらないので、殺人、性暴力、放火などの米兵犯罪が横行し、沖縄の人びとの個々の命や人権が侵害されている。沖縄にとって自己決定権の確立は、子や孫に平和な暮らしを保障するうえで死活問題だ。

「屈辱の日」

サンフランシスコ平和条約が発効した1952年4月28日は、沖縄の人びとにとって「屈辱の日」だ。日本が独立を果たした日だとして祝う人びとがいる一方、沖縄では、日本と切り離され、植民地よりもひどい地位や状況に置かれた起点ととらえられている。その認識の溝が露呈したのが、2013年4月28日だった。

「万歳」「がってぃんならん（絶対に許されない）」。東京と沖縄の対照的な唱和を発した。「主権回復」と「屈辱」の埋めがたい落差がくっきり浮かんだ。

日本政府は東京で「主権回復・国際社会復帰を記念する式典」を開催した。天皇陛下の退席時に、一部の出席者が「天皇陛下、万歳」と叫ぶと、安倍晋三首相ら多くが呼応した。首相は「沖縄が経てきた辛苦に深く思いを寄せる努力をなすべきだ」と呼びかけたが、沖縄の反発に

2016年放送のNHK 日曜美術館「沖縄 見つめて愛して 写真家・平敷兼七」で大きな反響を呼んだ〝幻〟の写真集、ついに復刻。初版本をできる限り忠実に再現した待望の「復刻版」です。※初版から若干の内容の変更があります。

平敷兼七写真集【復刻版】

定価4,200円+税

山羊の肺 沖縄 一九六八－二〇〇五年

平敷兼七写真集刊行委員会 編　B5判変形・上製 196頁　ISBN978-4-87714-478-4

「すぐれた撮影者の視線は、まるで一本の丈夫な糸のようにしてそれぞれの写真を縫い上げており、その先端にあるだろう針は、沖縄の現在に、そして私たちの心に、ぷすりと刺さるのだった。」（伊奈信男賞授賞理由より）

…けんしち　1948年沖縄県今帰仁村上運天に生まれる。67年沖縄工業高校デザ…業。69年東京写真大学工学部中退。72年東京綜合写真専門学校卒業。85年嘉納…川真生らと同人写真誌「美風」創刊。08年ニコンサロンで開催の「平敷兼七展 沖縄 1968-2005年」によって第33回伊奈信男賞受賞。09年肺炎により永眠。

第38回沖縄タイムス出版文化賞児童部門賞受賞！

写真絵本　写真・文 アキノ隊員

オールカラー 96頁
978-4-87714-474-6
●1,900円＋税

2017年8月刊

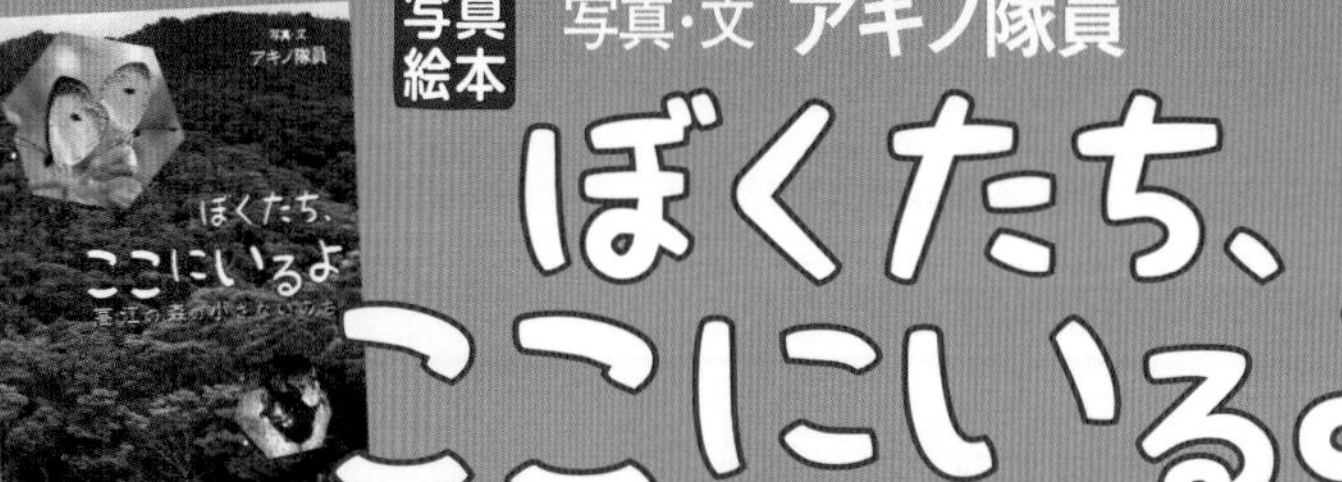

ぼくたち、ここにいるよ

高江の森の小さないのち

●オキナワカブトムシ

沖縄・やんばるの森は、
多様で珍しい生きものたちが暮らすいのちの宝庫。
世界自然遺産の候補地でもあります。
その森と生きものを愛するチョウ類研究者・アキノ隊員が、
森を探検しながらいろんな生きものたちを紹介していくよ！

●イボイモリ

●ノグチゲラ

●リュウキュウハグロトンボ

●ヤンバルクイナ

リュウキュウウラナミシジミも準絶滅危惧種。清流の流れる自然豊かな場所にしかすめないんだ。

やんばるの森はぼくらのすみか。
森をこわさないで。

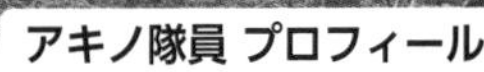

- ★彡 小学中学年から大人まで（小3以上の学習漢字にルビ）
- ★彡 生きものたちの索引付き
- ★彡 特別天然記念物や絶滅危惧種など70種類以上の生きものたちを掲載！

アキノ隊員 プロフィール

本名：宮城秋乃。1978年生まれ。沖縄県浜比嘉島出身。沖縄県内の森林性のチョウの生態を研究。日本鱗翅学会・日本蝶類学会会員。2011年秋より、東村高江・国頭村安波の米軍ヘリパッド建設地周辺の生物分布と、ヘリパッド建設や米軍機の飛行が野生動物に与える影響を調査。やんばるの森を守るためにブログやメディアなどで積極的に情報を発信中。

目取真俊 短篇小説選集 全3巻

Medoruma Shun

戦争と支配の歴史に翻弄され続ける沖縄の地に胚胎
承や記憶を源泉に、傑出した想像力で物語を紡ぎあげ
真俊の中・短篇小説全33篇を発表年代順に全3巻に
（＊単行本未収録作品12篇を含む） 四六判並製 各巻とも定価2,000

目取真俊短篇小説選集1 魚群記

978-4-87714-431-9

収録作品：「魚群記」(1983)、「マーの見た空」(1985)、「雛」(1985)、「風音」(1986)、「平和通りと名付けられた街を歩いて」(1986)、「蜘蛛」(1987)、「発芽」＊(1988)、「一月七日」＊(1989)　＊＝単行本未収録作品（以下同）

沖縄へ出稼ぎに来た台湾人女工の生活を少年の視点で追った「魚群記」（第11回琉球新報短編小説賞）。「鉄の暴風」の中、夫と子どもを失い、戦後は行商で生き抜いてきた老女は、認知症を患いつつも最期に思いがけない行動に出る（「平和通りと名付けられた街を歩いて」第12回新沖縄文学賞）。昭和天皇の死去を機に繰り広げられる破天荒なドタバタ劇「一月七日」。単行本『平和通りと名付けられた街を歩いて』（影書房刊）の収録作品に新たに2篇を加えた、著者20代の鮮烈な感性とユーモアの滲む傑作全8篇を収録。

目取真俊短篇小説選集2 赤い椰子の葉

978-4-87714-434-0

収録作品：「沈む〈間〉」＊(1991)、「ガラス」＊(1992)、「繭」＊(1992)、「人形」＊(1992)、「馬」＊(1992)、「盆帰り」＊(1992)、「赤い椰子の葉」(1992)、「オキナワン・ブック・レヴュー」(1992)、「水滴」(1997)、「軍鶏（タウチー）」(1998)、「魂込め（まぶいぐみ）」(1998)、「ブラジルおじいの酒」(1998)、「剝離」(1998)

ある朝冬瓜のように腫れあがった男の足。指先からは滴がしたたり、夜ごとその水を求めて戦時中壕で別れたはずの兵隊たちが足元に列をなす（「水滴」第27回九州芸術祭文学賞、第117回芥川賞）。魂（まぶい）を落とし昏睡する男の身体にはヤドカリが宿るが、その魂は浜辺で海亀を待ち続ける（「魂込め（まぶいぐみ）」木山捷平文学賞、川端康成文学賞）。
不本意な生をもたらしたものは、戦争か、人間か。記憶は時を超えて突如蘇り、生者に問いかける。90年代の傑作13篇を収録。

目取真俊短篇小説選集3 面影と連れて（うむかじとぅちりてぃ）

978-4-87714-437

収録作品：「内海」(1998)、「面影と連れて（うむかじとぅちりてぃ）」(1999)、「海の匂い白い花」(1999)、「黒い蛇」(1999)、「コザ／『街物語』より」(1999)、「帰郷」(1999)、「署名」(1999)、「群蝶の木」(2000)、「伝令兵」＊(2004)、「ホタル火」＊(2004)、「最後の神歌」＊(2004)、「浜千鳥」＊(2012)

「うちは答えたさ。もういいよ、って。これ以上哀れしなくていいよ、って」――現世に戻ることを拒んだ魂の一人語り「面影と連れて」。米兵の幼児殺害後、自らに火を放つ主人公を描く衝撃作「コザ／希望」。精神の錯乱した元「慰安婦」の老女と徴兵を拒否した青年との愛を軸に、生者と死者の声を重層的に紡ぐ「群蝶の木」。首のない少年兵が夜の街を疾駆する「伝令兵」。人間の悲しみ、恐怖、屈折、憎悪、エゴイズム、残虐さ……作家の視線が捉えるものとは――。魂を揺さぶる12篇を収録。

目取真俊の長篇を新装版として2冊同時に再刊！

978-4-87714-472-2

目取真俊 虹の鳥［新装版］

四六判並製 220頁 ●1,800円+税

基地の島に連なる憎しみと暴力。それはいつか奴らに向かうだろう――ヤンバルの森の奥に解放の地はあるのか。オキナワの救い無き現実を描く衝撃の長篇小説。

日・米・沖縄をめぐる悲惨の切実な隠喩
強靱な批評精神に貫かれた瞠目すべき小説
――三浦雅士（文芸評論家）／『毎日新聞』書評より

978-4-87714-471-5

目取真俊 眼の奥の森［新装版］

四六判並製 221頁 ●1,800円+税

沖縄戦末期に占領された小さな島で起きた米兵による「魂の殺人」。事件をめぐり被害者・加害者・傍観者の記憶が入り乱れ、それぞれの人生に影を落とす――。心揺さぶる連作小説。

言葉にならないものと、言葉との間で、
かろうじて成立したのが、この小説である。
――小林広一（文芸評論家）／『週刊読書人』書評より

目取真俊（めどるま・しゅん）

1960年、沖縄県今帰仁（なきじん）生
大学法文学部卒。1983年「魚群
回琉球新報短編小説賞受賞。1
通りと名付けられた街を歩いて
沖縄文学賞受賞。1997年「水
芥川賞受賞。2000年「魂込め
第4回木山捷平文学賞・第2
学賞受賞。小説の他に時
「戦後」ゼロ年』（日本放送
地を読む 時を見る』『沖縄
志』（以上世織書房）等
イ・評論などを発表。ブロ

影書房 〒170-0003 東京都豊島区駒込1-3-15 ☎:03-6902-2645／FAX:03-6902-2646 E-mail=kageshobo@ac.auone-net.jp http://www.kageshobo.com

押された後づけの式辞は、説得力に乏しく、空虚さが漂った。沖縄が求める本土への負担分散などには一切言及しなかった。

一方、政府の式典に抗議するため、宜野湾市で開かれた「屈辱の日」沖縄大会には、幅広い年代の1万人超（主催者発表）が押し寄せ、熱気が渦巻いた。「黙っていては認めたことになる」（当時の稲嶺進名護市長）など、登壇者の発言は危機感がみなぎっていた。安倍政権への抗議にとどまらず、沖縄の自己決定権と不可分の「真の主権」を国民の手に取り戻す決意に満ちていた。

沖縄の中止要求を押し切った政府式典は、沖縄社会が基地の過重負担の源流と正面から向き合う機運を高め、多くの県民が戦後史への認識を深めた。

植民地主義に抗する自己決定権

ここまで通観してきたように、沖縄の戦後史は、米国への抵抗運動で権利を獲得していった歴史である。沖縄の人びとは日本国憲法で規定された権利の尊さを身をもって実感している。日本国憲法を米国からの「押し付け」と言って、変えることに躍起となっている人びととの意識のギャップも、沖縄の現状への認識の違いに影響しているように思える。

沖縄の人びとは72年の復帰後も、基地の自由使用に抵抗し、抜本的な整理縮小や日米地位協定の改定による主権の行使などを求めてきた。その意思を尊重せず「国益」や国策の名のもとで沖縄を国防の道具にする日米政府の手法は植民地主義だ。県内の主要選挙や県民投票で反対の意思を示しても建設工事が強行される辺野古新基地は、沖縄の人びとの自己決定権を侵害する植民地主義の象徴である。

辺野古新基地建設が強行され続け、本土の国民がそれを支持あるいは黙認している限り、沖縄には自己決定権や民主主義が存在しないことになる。沖縄の人びとが憲法理念の実現や民主主義が尊重される社会を思い描き、沖縄の未来を託した真の意味の「復帰」は今も果たされていない。

◉執筆者プロフィール（掲載順）

新垣　毅（あらかき つよし）　1971年生まれ。沖縄県出身。琉球新報論説委員・政治部長。2015年沖縄の自己決定権を問う一連の報道で、第15回「石橋湛山記念　早稲田ジャーナリズム大賞」受賞。著書：『続　沖縄の自己決定権　沖縄のアイデンティティー——「うちなーんちゅ」とは何者か』（高文研）、『沖縄の自己決定権——その歴史的根拠と近未来の展望』（高文研）ほか。

稲嶺　進（いなみね すすむ）　1945年生まれ。沖縄県出身。前名護市長（2010年～2018年）。

高木吉朗（たかぎ きちろう）　1969年生まれ。広島県出身。弁護士（コザ法律事務所所属）。嘉手納基地爆音差止訴訟弁護団、普天間基地爆音差止訴訟弁護団、辺野古埋立承認処分取消訴訟弁護団。共著：『法廷で裁かれる日本の戦争責任——日本とアジア・和解と恒久平和のために』（高文研）、『公害環境訴訟の新たな展開——権利救済から政策形成へ』（日本評論社）ほか。

高里鈴代（たかざと すずよ）　1940年台湾生まれ。沖縄県出身。元那覇市議（1989年～2004年）。「強姦救援センター・沖縄」代表。「基地・軍隊を許さない行動する女たちの会」共同代表。「軍事主義を許さない国際女性ネットワーク」沖縄代表。1996年「エイボン功績賞」受賞。97年「土井たか子人権賞」受賞。2011年「沖縄タイムス賞（社会活動）」受賞。著書：『沖縄の女たち——女性の人権と基地・軍隊』（明石書店）ほか。

宮城秋乃（みやぎ あきの）　1978年生まれ。沖縄県浜比嘉島出身。蝶類研究者。日本鱗翅学会・日本蝶類学会会員。2017年新崎盛暉平和活動奨励基金で助成交付者に選出。2018年『ぼくたち、ここにいるよ——高江の森の小さないのち』（影書房）で「沖縄タイムス出版文化賞（児童部門）」受賞。2020年「多田謡子反権力人権賞」受賞。著書：『ぼくたち、ここにいるよ——高江の森の小さないのち』（影書房）

木村草太（きむら そうた） 1980年生まれ。東京都出身。東京都立大学教授（憲法学）。著書：『ほとんど憲法：小学生からの憲法入門（上・下）』（河出書房新社）、『木村草太の憲法の新手（1・2）』（沖縄タイムス社）、『自衛隊と憲法――これからの改憲論議のために』（晶文社）ほか。

紙野健二（かみの けんじ） 1951年生まれ。大阪府出身。名古屋大学名誉教授（行政法学）。共著：『翁長知事の遺志を継ぐ――辺野古に基地はつくらせない』（自治体研究社）、『辺野古訴訟と法治主義――行政法学からの検証』（日本評論社）、『沖縄・辺野古と法 Nippyo One Theme e-Book』（日本評論社）ほか。

前川喜平（まえかわ きへい） 1955年生まれ。奈良県出身。現代教育行政研究会代表。元文部科学事務次官。2018年から日本大学文理学部非常勤講師。著書:『面従腹背』（毎日新聞出版）／共著：『定点観測　新型コロナウイルスと私たちの社会　2020年前半――忘却させない。風化させない。』（論創社）ほか。

安田浩一（やすだ こういち） 1964年生まれ。静岡県出身。『週刊宝石』などを経て2001年よりフリーライター。2012年『ネットと愛国』（講談社）で「講談社ノンフィクション賞」受賞。15年『G2』（講談社）掲載記事「外国人隷属労働者」で「大宅壮一ノンフィクション賞（雑誌部門）」受賞。著書:『愛国という名の亡国』（河出新書）、『団地と移民――課題最先端「空間」の闘い』（KADOKAWA）、『「右翼」の戦後史』（講談社現代新書）ほか。

（執筆者プロフィールは205～206頁に掲載。）

これが民主主義か？
——辺野古新基地に"NO"の理由

二〇二一年一月二九日　初版第一刷

著者　新垣毅、稲嶺進、高里鈴代、高木吉朗、宮城秋乃、
木村草太、紙野健二、前川喜平、安田浩一

装丁　桂川潤

発行所　株式会社　影書房
〒170-0003　東京都豊島区駒込一―三―一五
電話　〇三（六九〇二）二六四五
FAX　〇三（六九〇二）二六四六
Eメール　kageshobo@ac.auone-net.jp
URL　http://www.kageshobo.com
〒振替　〇〇一七〇―四―八五〇七八

印刷／製本　モリモト印刷

© Tsuyoshi Arakaki, Susumu Inamine, Suzuyo Takasato,
Kichiro Takagi, Akino Miyagi, Sota Kimura, Kenji Kamino
Kihei Maekawa, Koichi Yasuda 2021

落丁・乱丁本はおとりかえします。

定価　1，900円＋税

ISBN978-4-87714-487-6

アキノ隊員 写真・文

ぼくたち、ここにいるよ

高江の森の小さないのち

蝶類研究者のアキノ隊員（宮城秋乃氏）が、貴重な自然が残る沖縄・やんばるの森を探検しながら、小さな生き物たちを写真と文章で紹介する写真絵本。沖縄タイムス出版文化賞児童部門賞受賞作。 **菊判変形 96頁 1900円**

目取真 俊 著

ヤンバルの深き森と海より

歴史修正、沖縄ヘイト、自然破壊――力で沖縄の軍事要塞化を進める日本政府に対し、再び本土の〈捨て石〉にはされまいと抵抗する沖縄の姿を〈行動する〉作家が記録。2006～19年までの評論集。 **四六判 478頁 3000円**

平敷兼七写真集

山羊の肺

沖縄 一九六八–二〇〇五年【復刻版】

日本「復帰」前からの沖縄の島々の祭祀や風俗、日々を懸命に生きる名もなき人びとの姿、失われた風景を40年にわたり記録し続けた写真家・平敷兼七の集大成的写真集。待望の「復刻版」。**B5判変形 196頁 4200円**

LAZAK（在日コリアン弁護士協会）編／板垣竜太、木村草太 ほか著

ヘイトスピーチはどこまで規制できるか

「言論・表現の自由」を理由とした法規制慎重論が根強いなか、議論を一歩でも前に進めようと、弁護士・歴史家・憲法学者たちが開いたシンポジウムの記録。その後の座談会の記録他も収録。 **四六判 204頁 1700円**

申 惠丰（シン ヘボン）著

友だちを助けるための国際人権法入門

基地建設に反対する市民の弾圧やネットでのヘイトスピーチは不当な人権侵害。日本で実際に起きた人権問題を題材にケーススタディで学ぶ国際人権法。全ての人の人権を守るために。 **A5判 158頁 1900円**

梁 英聖（リャン ヨンソン）著

日本型ヘイトスピーチとは何か

在日コリアンを“難民化”した〈1952年体制〉等の歴史的経緯や日本型企業社会の差別構造等も俎上にのせ、日本のレイシズムを可視化。欧米の法規制も参照しつつ、反差別規範の確立を提唱する。 **四六判 314頁 3000円**